复旦发展与政策评论　第十二辑

环境、土地
与监管政策

复旦发展与政策评论／第十二辑

赵德余　主编

环境、土地
与监管政策

上海人民出版社

目　录

环境治理与经济发展

破解"三元悖论"：国家综合安全治理与乡村振兴战略

　　　　　　　　　　　/董筱丹　陈　璐　崔芳邻　温铁军　　3

雾霾会吓退入境旅游者吗？

　　——来自中国 31 个省（区、市）2007—2015 年的证据

　　　　　　　　　　　　　　　　/杨末然　程名望　　21

土地利用与宅基地政策

上海市土地利用变化碳排放量测算及低碳优化研究

　　　　　　　　　　　　　　　　　　/吴开亚　　37

沿海发达地区农户宅基地有偿使用意愿及其影响因素分析

　　——基于南海 345 户样本的调查　　/洪　凯　邓清文　　57

电力消费与贸易监管政策

基于动态面板的电力消费影响因素分析

　　　　　　　　　　　　　　/慈向阳　黄志敏　　79

贸易安全与便利视角下 TIR 海关多式联运监管创新研究

　　　　　　　　　　　　　　/朱　晶　孟瑛璐　　97

社会服务与系统动力学

安吉乡村治理系统动力学建模与分析

　　　　　　　　/朱　勤　赵德余　周新宏　王　甲　　113

系统动力学视角下社会工作介入精神康复服务模式研究

　　——上海市 H 区精神卫生"医院—社区"一体化的实践经验

　　　　　　　　　　　/傅　尧　赵德余　沈　可　　129

从社会救济附带到精准扶贫治理
　　——基于儿童反贫困政策演进的分析与展望

　　　　　　　　　　　　　　　　/贺小林　温　洁　151

对话与争鸣
复旦大学人文社会科学融合创新跨学科对话第一期
　　——"新时代国家治理模式与治理能力建设"　171

英文摘要和关键词　185

征稿函　193

环境治理与经济发展

破解"三元悖论":国家综合安全治理与乡村振兴战略

董筱丹　陈　璐　崔芳邻　温铁军

[摘要]　本文以习近平总体国家安全观为指导思想,将国家综合安全风险划分为现代化进程中的"内生性风险"与全球化进程中的"输入性风险",分别进行分析。当前发展中国家的安全风险呈现"内生性风险"和"输入性风险"复合性加强的特征;在中国,因中央政府、地方政府和农村基层的利益—风险决策难以形成一致性,出现了国家综合安全治理的"三元悖论"。从中国70年的历史经验看,乡村是中国经济风险"软着陆"的载体,也是中国在多变的国际环境下应对安全挑战的"压舱石";当前需要通过"上下结合",创新实施乡村振兴战略,夯实国家综合安全基础,应对全球化条件下的国家安全风险挑战。

[关键词]　乡村振兴;国家综合安全;输入性风险;治理"三元悖论";"三农"压舱石

[中图分类号]　D63　[文献标识码]　A

[作者简介]董筱丹:中国人民大学农业与农村发展学院副教授,中国人民大学乡村治理研究中心研究员;陈璐、崔芳邻:中国人民大学农业与农村发展学院硕士研究生;温铁军:中国人民大学农业与农村发展学院教授,本文通讯作者(北京,100872)。联系人:董筱丹,13911118419,dongxiaodan@ruc.edu.cn,北京,100872。
本文得到国家社科基金重大项目"作为国家综合安全基础的乡村治理结构与机制研究"(14ZDA064)的资助,中国人民大学乡村治理研究中心组织研讨会对本文进行研讨,审稿人认真审阅并提出修改意见,一并致谢。

一、引　言

　　坚持总体国家安全观,是习近平新时代中国特色社会主义思想的重要内容。党的十九大报告强调,统筹发展和安全,增强忧患意识,做到居安思危,是我们党治国理政的一个重大原则。[①]2014 年 4 月 15 日,习近平在中央国家安全委员会第一次会议上的讲话强调:"要准确把握国家安全形势变化新特点新趋势,坚持总体国家安全观,走出一条中国特色国家安全道路。"习近平指出,当前我国国家安全内涵和外延比历史上任何时候都要丰富,时空领域比历史上任何时候都要宽广,内外因素比历史上任何时候都要复杂。[②]

　　当前,中国既面临全球化和现代化的重大机遇,也面临全球化和现代化进程深化带来的输入性风险和内生性风险的重大挑战。2019 年中央一号文件首次指出,发挥"三农"压舱石作用,为有效应对各种风险挑战赢得主动,为确保经济持续健康发展和社会大局稳定、如期实现第一个百年奋斗目标奠定基础。[③]为此,要充分认识到,城乡二元结构下的乡村对于保障国家综合安全具有重要作用;要把乡村振兴战略作为"练好内功"的基础,建立以乡村作为风险"软着陆"载体的中国特色的国家综合安全战略体系。

　　本文围绕创新中国特色国家安全体系的中心问题,以金融全球化下的全球成本转嫁对国家综合安全的挑战为背景,分析了发展中国家安全问题的一般特征以及中国国家综合安全上的历史经验教训与现实矛盾挑战,从战略体系和对策建议两个层面分析了中央政

---

　　① 《习近平:决胜全面建成小康社会　夺取新时代中国特色社会主义伟大胜利——在中国共产党第十九次全国代表大会上的报告》,http://politics.gmw.cn/2017-10/27/content_26628091.htm。

　　② 《中央国家安全委员会第一次会议召开　习近平发表重要讲话》,http://www.gov.cn/xinwen/2014-04/15/content_2659641.htm。

　　③ 《2019 年中央一号文件》(全文),http://www.farmer.com.cn/zt2019/1hao/zxbd/201902/t20190220_1433764.html。

府、地方政府和农村基层三者如何形成良性的结构性关系。

(一)主要观点

本文提出以下主要观点:

第一,从国际比较和历史比较来看,全球化危机的制度成本对发展中国家转嫁的大趋势难以逆转,金融资本异化实体经济的"路径依赖"难以改变;在这个基本规律下,中国出现了中央—地方—基层三者之间的新"三元悖论"。

第二,中国 21 世纪以来强化三农投入实现乡村可持续发展,既是"化危为机"实现软着陆的基本经验,又是 21 世纪中国发展最具生态化内涵、最能吸纳流动性和化解债务困境的新领域。[①]

第三,当前亟待结合乡村振兴战略,将乡村作为多种重大风险"软着陆"的载体,以此作为中国特色国家综合安全战略体系的重要内容。

第四,国家要对农村进行重大投资和战略布局,关键是要克服政府与分散小农交易成本过高的矛盾,这需要同时从治理结构与机制两方面着手,加强"政府理性"与"村社理性",协同发挥二者作用。

(二)研究视角

本文是课题团队执行国家社科基金重大项目所形成的研究成果的观点集成,研究视角主要有以下五个方面。

风险视角。本文借鉴金融经济学中的"风险资产配置理论"和社会学中的"风险社会"理论,将抽象的国家安全问题具体化为国家安全风险管理问题,指出:任何制度安排下所取得的收益实质上都具有风险资产的"风险收益"内涵,收益与风险之间正相关,但由于发达国家对发展中国家"成本转嫁"以及负反馈具有"封存效应",因

---

① 温铁军,张俊娜,邱建生,董筱丹.国家安全以乡村善治为基础[J].国家行政学院学报,2016,01:35—42.

此风险与收益在时空分布上具有不对称性,发展中国家尤其需要加强风险内部化能力建设,与风险视角相关的两个重点机制是:第一,在国家安全风险管控中可以引入"无风险资产"理论,通过政府投资提高无风险资产收益率来优化全社会的资产配置结构,降低国民经济运行的风险;第二,现代社会中,随着人类知识的增加而不断内生风险,全社会陷入"有组织的不负责任"怪圈,发展中国家尤其需要通过具有针对性的组织创新、治理创新来保障国家安全。

现代世界体系的视角。本课题研究将国家安全问题置于全球金融资本主导的世界系统体系这个大的理论框架中,指出发展中国家在世界系统体系中处于被发达国家转嫁制度成本的角色,在此过程中不断遭遇"输入性风险",成为发展中国家跌落"发展陷阱"的重要原因;中国作为一个超大型大陆国家,其通过内部国民动员跳出"发展陷阱"、实现"去依附"型工业化的历史经验,对于其他发展中国家提高风险内部化应对能力具有重要的借鉴意义。

政治经济学理论视角。在政治经济学理论指导下,本文形成如下分析:(1)周期性经济危机乃是资本主义运行的一般规律;只要有危机就必然会有发达资本主义国家以成本转嫁为实质性内涵的摆脱危机压力的制度变迁,就会给承接成本转嫁的发展中国家带来巨大的国家安全风险。(2)乡村治理与乡村发展本质上属于上层建筑与经济基础的关系;当前乡村治理领域面临的主要矛盾是:工业化、城市化快速推进中"三农"问题愈益严重,这个薄弱的经济基础无法支付现代化上层建筑的高成本;改善乡村治理必须重构乡村的经济基础,并重塑其与治理的结构性关联。(3)农村大量发生对抗性冲突的本质性原因在于工业化初期阶段农业支援工业、农村支援城市,在这个过程中,大量剩余从三农流向城市和工业部门所形成的利益矛盾本质上是对抗性的;同理,"三农"在食品、生态环境等方面大量制造负外部性,客观上也包含利益冲突的内因。

系统性、协同性视角。本课题研究从宏观的国家层面、中观的地区层面以及微观的乡村层面展开,不仅"自上而下"和"自下而上"

相结合,还加强"中观"研究,从国家和地区、地区和乡村的"上←→中"和"中←→下"的视角对市场关联、政策传输和风险传导等机制进行分析,以期形成有关国家综合安全风险的综合研究。从宏观上看,在中国早已出现生产过剩矛盾,需要依靠中央政府积极财政政策进行区域平衡、城乡平衡的战略性投资拉动才能维持中国经济持续高增长的情况下,地方政府继续"公司主义"竞争实际上是在累积下一轮债务危机、经济过剩和社会冲突的风险,形成国家安全治理的"三元悖论",风险越来越具有金融—经济—社会—政治的综合特征;原先因"三农"问题日益深化而对全社会产生的负外部性,正在由个别领域的风险逐渐演变成综合性的、体系性的、互相牵制的风险。在对策建议上本课题也强调了系统性与协同性,认为需要加强顶层设计和激发基层活力相结合,农业供给侧改革与金融供给侧改革、制度供给侧改革相结合,协同破解"三元悖论"。

服务于国家重大决策的视角。学术界、政策界的很多政策建议都以"政府和市场能够完美运行"为隐含前提,忽视了"'政府能力'和'民众能力'与理想制度要求存在差距"的现实问题,作为单纯学术讨论其具有理论价值,但要服务于国家安全重大战略的决策需求则可行性不足。本课题引入了干预式社会试验的方法开展研究并形成对策建议。由于该方法都具有社会广泛参与的特点,而社会试验又是在开放的社会空间中施行的,因此研究结论有较强的现实可行性。

(三) 内容结构

本文第二部分介绍发展中国家在当代金融全球化条件下呈现出的风险新特征;第三部分介绍中国国家安全风险的复合性与复杂性特征,提出治理"三元悖论";第四部分提出乡村振兴是中国强化"三农"风险"软着陆"载体功能的国家战略;第五部分围绕乡村振兴如何服务于国家安全,提出具体的对策建议。

二、发展中国家的一般风险特征分析

（一）发展中国家的"输入性风险"与全球金融危机具有联动性

沃勒斯坦(Wallerstein，1974)的"世界体系理论"在当前金融全球化条件下依然有效。据此理论，在全球体系中少数国家为核心国，多数国家为它们的附属国；核心国家占有全球化制度收益，同时将成本递次向边缘国家转嫁。在金融资本规定的基本秩序下，发达国家在正常市场交易的框架内即可向发展中国家顺畅转嫁危机代价。这是发展中国家外部输入性风险的主要来源。

在金融资本全球化阶段，金融资本的主要运作手段已不再是传统的地缘战略，而是以货币权为核心及以美元资本、能源（石油）、食物（粮食）为"三角支撑"的"币缘"战略（兰永海等，2012）。而发展中国家仍然普遍处于西方国家殖民化时期形成的单一化经济体系中，单一产品出口与基础商品大量进口并存，加大了受金融资本冲击和成本转嫁的风险。

最近十多年来的危机周期中，币缘运作导致的不平衡愈加突出，主要体现在：发展中国家单一产品出口价格下降导致了严重的贸易逆差和财政赤字，而粮食、石油等进口基础物品价格大幅上涨，发展中国家通胀风险、外汇风险和债务风险等叠加爆发。随之，经济风险转化为政治安全危机，甚至导致执政者下台，比如埃及、利比亚、委内瑞拉、巴西等国。

2007年美国次贷危机爆发之后，大量金融资本冲入粮食、石油、原材料市场寻求避险，导致全球粮食市场出现20世纪70年代以来的新一轮价格高涨，2007年全年价格上涨40%。2008年全球金融危机发生后，美国采取"量化宽松"的救市政策加剧流动性过剩，推动粮价和石油价格上涨，导致生物乙醇燃料产业迅猛扩张，从而引起生物乙醇的主要原料玉米等价格上涨，仅2008年上半年，国际小麦和玉米价格较 2005 年分别上涨了 85.3% 和 118.2%(Ahmed,2014)。跨国公司到非洲、拉美和东南亚大规模圈地,造成 2009—2010 年全球粮食价格再进一步提升,特别是北非地区紧缺品种小麦、面粉的价格上涨 100% 以上,玉米价格上涨超过 70%(Ahmed,2014)。以埃及为例,2014 年小麦的供需缺口有 1 000 万吨左右。①当年美国向埃及出口了包括玉米、大豆等在内的近 19 亿美元的食品和农产品,平均每天达 149 万美元。②大量的进口导致 2017 年 4 月埃及的通货膨胀率飙升到 32.9%。③由此引发北非、中东地区的通胀危机,进而诱发街头动乱和政权危机(温铁军等,2014)。突尼斯长期执政的阿里政权被推翻,埃及终结了执政 30 多年的穆巴拉克时代(戴晓琪,2012)。

这个过程中一个异常现象就是粮价波动与供需缺口同步性弱化,而与期货市场的投机性资金流动关联强化。根据研究,近十年来四大粮食的产量基本都高于消费量(即使是个别发生产需缺口的年份,缺口也很小),属于半个世纪以来全球产需最均衡的时期。但在价格波动上,这十年恰是国际粮价涨幅最大的时期,并且日均、月均等即时价格大起大落明显(计晗,2016)。数据分析显示了粮价波动与期货市场投机操作之间的相关性,2008—2015 年,美国粮食期货市场的非商业持仓在第一阶段与粮食价格、在第二阶段与粮食和石油价格,都呈现出更强的相关性(胡文平,2016)。

从历史比较来看,美元流动性由宽松转向紧缩导致其他国家经济危机的故事,在拉美也曾上演过。1973 年 10 月第四次中东战争爆发,石油价格陡增三倍。由于美国与欧佩克曾达成一项"不可改

---

① 数据来源于联合国粮农组织数据库,http://www.fao.org/faostat/zh/#data/QC,2017-11-23。

② 数据来源于美国农业部网站,《埃及粮食进出口数据统计》,http://www.fas.usda.gov/regious/egypt,2017-01-25。

③ 数据来源于中华人民共和国驻阿拉伯埃及共和国大使馆经济商务参赞处网站,http://eg.mofcom.gov.cn/article/jmxw/201705/20170502577111.shtml,2017-07-05。

动"的协议,即美国接受欧佩克,欧佩克则同意以美元作为石油的惟一定价和交易货币①,遂使 20 世纪七八十年代产油国把大量"石油美元"存入美欧的大银行,造成欧洲货币市场流动性泛滥;之后又主要经由美国的银行借给墨西哥、巴西和阿根廷等拉美国家(被戏称为 MBA 贷款,分别是三国英文名称的首字母)。全球流动性泛滥下,大量低利率的贷款滚滚流入,许多投资项目完全没有基本的可行性论证。1981 年美英联手启动金融自由化,美国货币政策紧缩,拉美国家随即陷入债务危机:MBA 国家先后宣布无力偿债;紧接着汇率崩溃、资本疯狂外逃、政府破产、经济增长一落千丈。随后,美国政府—世界银行—IMF"三位一体"提出经济政治改革方案,危机国家必须接受债权国对其能源、基础设施等命脉产业的"整改"才有可能获得贷款展期、新增贷款或债务豁免(向松祚,2013)。

这个"诱致性变迁"导致的危机过程确实体现了"路径依赖",却因被核心国家学术界语焉不详的归纳为"拉美陷阱"或"中等收入陷阱"而较少被讨论。

(二)发展中国家现代化"内生性风险"不断深化

第二次世界大战后,解殖独立的发展中国家普遍按照宗主国的现代化场景预设了自身追求现代化的伟大目标,但对现代化进程中的风险累积演化成危机的防范严重不足。

发达国家的经验历程表明,人类在追求城市化、工业化、金融化的同时,也内生性地累积着高风险,"风险社会"特征渐趋深化。现在,这种情形也广泛地发生于发展中国家,成为发展中国家的内生性风险。

不同的是,发达国家主要靠对外转嫁成本来化解内生性风险的

---

① 在 1972—1973 年的第一次谷物和石油价格震荡之后(当时美国谷物出口价格提高了三倍,石油输出国组织的石油价格也提高了三倍),美国财政部官员告诉中东的统治者们,对于油价他们可以想定多高就定多高,但如果他们不将其出口收入回流到美国,则会被视为对美国的宣战(Hudson,2008)。

实际经验既极少被人讨论,也难以被发展中国家所复制。于是,发展中国家在风险爆发时由于更多的是被西方政治家和媒体冠以各种意识形态化的解读,致使那些本来就鹦鹉学舌的所谓智囊学者只会"帮着从自己口袋里抢钱的人数钱",而政府也很难构建本国的有效应对措施。

内生性风险是任何国家、在任何体制下都必然伴随其发展过程而产生的系统性风险和特定性风险的总称。传统社会以资源型生存状态为主,风险的发生和应对方式也以低成本(张静,1999)、"分布式"手段为主;现代社会,一方面人类在不断制造风险,使风险源在数量和内容上都不断增多(田松,2012),另一方面风险裂度随着工业文明中资本和人口的集聚效应而加大,风险不可确定性、不可预测性及不可控制性等特征不断强化。当风险在特定时空积聚,如果不能有效纾解,最终往往表现为破坏性的爆发。

德国社会学家贝克(Urich Beck)基于对工业社会现代性的反思提出了"风险社会"的概念,指出人类社会正经历着从传统工业社会向现代风险社会的转型,"风险社会至少是伴随着工业社会的产生而产生的"。

安东尼·吉登斯(Anthony Giddens)认为:"各种后果都是现代化、技术化和经济化进程的极端化不断加剧所造成的后果。"从现在开始,我们更多地担心被制造出来的风险,即由我们不断发展的知识对这个世界的影响所产生的风险,外部风险所占的主要地位已被制造出来的风险所取代(陈道银,2007)。

拉尔夫·达伦多夫(Dahrendorf,2000)认为,工业社会的冲突具有显著的阶级性、群体性和普遍性。"应得权利"和"供给"及其辩证关系,孕育了现代社会各种矛盾和冲突的萌芽,现代社会中不同群体要求扩大供给和应得权利的要求"一般会导致矛盾与不和",但"统治阶级总是对借助经济来避开问题感兴趣,而提出要求的阶级却偏爱采用政治的语言"。简单来说就是:不同阶级在诉求与回应上往往存在着经济与政治的错位,占统治地位的阶级倾向于"去政治化",借助经济问题来避开问题的政治本质,而非统治地位的群体却倾向于将经济诉求"泛政治化",因此工业社会的冲突被蒙上了一层复杂的色彩。

以上机制的后果是,发展中国家非传统安全与政治安全的界限愈加模糊,联动效应日益凸显。

从国家治理角度来看,现代风险社会的治理导致对国家机器的依赖加深,进而不断地上推社会治理成本。例如,在号称超级现代化的美国,被披露有超过 800 万人被国家监控,监狱人数不断增长:大约 1/3 的全球女性囚犯(成年和未成年)在美国;每十位儿童中就有一位儿童的父母至少一方在监狱服刑。①2008 年华尔街金融海啸引发的欧债危机及西亚、北非国家的街头政治,不仅缘于金融化经济泡沫破灭,也是内含高成本上推机制的西方现代政体累积国家负债而致(董筱丹等,2011)。

三、中国安全风险的复合性与复杂性分析

中国作为一个把"发展不充分不平衡"归纳成为新时代主要矛盾的国家,在应对全球化风险挑战的同时还需要面对现代化不断深化所带来的风险,需要统筹国际和国内、传统产业部门和现代金融部门、传统安全和非传统安全等多个方面的安全风险挑战,而国际和国内、中央和地方、城市和农村、国家和社会、集体和个人等多个维度的关系,加剧了风险的复合性与应对风险挑战的复杂性(高俊、计晗、温铁军、董筱丹,2015)。

2007 年美国次贷危机演变成 2008 年全球金融危机,诱使中国发生输入型经济危机并产生连锁反应。

---

① 数据来源于英国《金融时报》美国事务编辑加里·斯维曼对《被捕:监狱国家和美国政治的禁闭》(*Caught: The Prison State and the Lockdown of American Politics*)的书评《美国已成"监狱之国"》,转引自 FT 中文网:http://m.ftchinese. com/story/001060589?utm_campaign=2G158003&utm_source=marketing&utm_ medium=social♯rd。

首先,中国遭遇经济危机下全球市场萧条导致的出口陡降;其后,在美国、欧盟、日本相继采取量化宽松政策的影响下,中国随即承受双重代价:一方面原材料进口成本上涨,另一方面出口需求仍旧萎靡,价格倒挂导致实体产业不景气,遂使追求盈利的资金从实体产业析出;同期,西方国家进一步实行 0 利率的"超级量化宽松"政策,海外低成本资金进入国内,导致国内货币对冲增发占三分之二以上,加剧了金融脱实向虚,成为 2015 年发生股灾的基础性因素;股灾之后大量资金冲入房市,促使房价上涨,直到 2017 年国家推出"房住不炒"指导下的一系列调控政策才有缓解;2017 年以来美元连续加息和中美贸易摩擦恶化,迫使大量资金撤离中国,加剧了资本市场的波动和实体产业萧条。

在金融资本客观上已经成为全球竞争的主导力量的条件下,中央政府、地方政府和基层社会之间出现了新"三元悖论",加剧了国家安全风险局势的严峻性:

中央政府因坚持集中体制不可推卸地承担着国家安全最终责任,追求国家综合安全与可持续发展的生态文明战略转型,因受制于利益集团和对地方政府的整合问题而很难落地,其中,由国家政权"赋权"派生而成、却在追求流动性获利的本质驱动下脱实向虚异化于实体产业、并强调国际接轨的金融资本,事实上成为主要矛盾的主导方面。

地方政府延续着自工业化以来在资本极度稀缺条件下追求 GDP 而采取亲资本政策导向的发展主义运作方式,几乎不计成本和风险的招商引资、追求产业资本向城镇集中带来的短期增长,一方面规模化集中土地过程中在城乡基层制造了大量矛盾,另一方面形成严重的财政赤字,并通过地方债务平台等途径向国有金融系统转嫁,使之不断累积金融风险。不仅如此,还同时产生了大量的粮食不安全、生态环境恶化等隐患。

基层社会被食品安全、金融安全、环境安全等问题困扰,中央政府一方面因坚持集中体制而在这些关涉全体国民安全的领域都要承担连带无限责任,但另一方面却过度依赖正规官本位执行系统而缺乏以社会高度组织化为基础的有效治理,遂致因利益集团掣肘以及与过度分散的生产经营主体和消费者之间交易成本过高问题,而难以在防范风险方面取得实质性进展(温铁军等,2016)。

从历史比较来看,自近代追求工业化以来,中国就因为要从面广量大、高度分散的农村提取剩余完成资本原始积累而难以在中央—地方—基层三者之间同时达到利益满足,是谓"三元悖论";今天,中国已经进入工业化中期阶段,但"三元悖论"不仅未破解,且在新形势下演变为更为错综复杂的矛盾关系。

21 世纪以来,随着我国经济增长的主要驱动力由工业化转变为城镇化和金融化,并且金融"脱实向虚"趋势加重。

四、国家综合安全治理与乡村振兴战略的相关性分析

随着中国风险社会的特征日益显化,综合安全挑战日益严峻,如何应对"三元悖论"显得更加紧迫。

(一)历史经验表明乡土中国可以弱化外部风险冲击

从 1949 年至今,中国历次遭遇重大经济危机挑战时,都以乡村作为"软着陆"载体才能有效降低危机代价,农村因国家需要先后承担过货币池、资产池、劳动力池等多个重要角色(温铁军等,2013)。这不仅缘于农村因人与自然和谐共生而内含生态文明内核,还因为农村经过土地改革和组织化建设的历练和洗礼,因土改消灭了农村内部阶级剥削而极大提高了内部化应对风险的能力,因组织化建设提高了国家对农村基层的动员能力,因此,乡村以其自然资源赋存和小农不计成本的劳动力投入,不仅向外输送了粮食等大量物资和大量剩余,还具有"海绵社会"的特征,可以大量吸纳风险——既可以吸纳增发货币平抑通胀,也可以吸收城市工业品下乡扩大内需,还可以直接接收数以千万计的城市失业群体以缓和社会震荡。

此外,农村因经过土地改革和组织化建设的而实质性地完成了全民动员,在一定条件下,还能够在资本稀缺乃至中断时实现劳动力要素对资本要素的宏观替代,国家通过低成本动员劳动力参与国家建设,而得以重启经济增长引擎,这也是一般国家很难形成的"中国特色"。

因此,农村在一国工业化进程中可以发挥"风险吸纳"功能,弱化城市随资本深化而产生的风险制造和风险深化机制,从而使得中国成为世界上为数不多的能数次跳出"发展陷阱"的发展中国家。

(二)当前形势下农村对于国家综合安全具有重要基础性保障作用

从当前最紧迫的挑战来看,民族国家参与全球金融竞争中,金融是一个主要交锋领域,金融调控是一个基本工具,由国家政权向信用体系赋权从而进行信用扩张,维持国内经济稳定,恐怕是一个必不可少的手段。但是货币增发也意味着提高国内资产的货币化程度,一般都会导致实体产业所需要的资源和要素成本提高,进而弱化中国这样的制造业大国在全球竞争中的成本优势,导致投资外流和产业空心化。

除了核心国家可以向全球转嫁货币增发的制度成本以外,对于其他国家来说,如何参与全球金融竞争都是一场两难困境。中国的特殊机遇恰在于:可以利用农村来降低货币增发的总体制度成本。

当前,乡村具备再次成为货币池(20世纪50年代初应对恶性通胀时是第一次)吸纳过剩货币的基础条件。

新时代中国发展不充分不平衡的矛盾在乡村最为突出,表现之一就是乡村的货币化程度不充分、市场发育不充分、资源性资产定价不充分,农村的资源、土地、出产产品、商业服务等价格远低于城市。如果国家的货币增发能够以合理的方式导向农村,则既可以发挥金融工具的长处,让资金流入乡村促进生态资源货币化和生态产业化,同时使农民获得货币增发的收益,也可抑制货币增发可能导致的成本上涨,甚至会因货币向农村分流、城市房市虚火下降而使总成本下降。

诚如《国家乡村振兴战略规划(2018—2022 年)》所强调:"全面建成小康社会和全面建设社会主义现代化强国,最艰巨最繁重的任务在农村,最广泛最深厚的基础在农村,最大的潜力和后劲也在农村。"

五、创新实施乡村振兴战略的对策建议

在小农经济长期存在的基本国情下,通过推动乡村五大振兴破解"三元悖论"的关键是要发挥中央持续增加三农投入的加杠杆作用,以农村集体经济组织作为乡村与政府和外部工商业资本进行对接和交易的主体,加强乡村对外交易的整体性,促进乡村资源的三产化和整体性开发,带动地方经济转型。

(一) 促进财政和金融资源与乡村社会的"上下结合"

改变地方、部门与企业形成"精英结盟"的行为特征,重建政府和农村、农民的资源对接渠道。为此需要"上下结合"。在"上",必须加强中央和地方两级财政和金融的杠杆作用和逆周期调节手段,把财政对于农村基础建设的各类投入到村的资金打捆作为干股,直接计入投资项目所在地的农村集体经济组织的资产,并在保留集体处置权的条件下把受益权做股到户,以此吸引农户的土地使用权入股到村集体。在"下",必须明确以村级集体经济组织作为承接县级金融机构综合性批发业务的基本单位,由村集体对合作社成员做信贷零售业务。通过以上两个举措,逐步向综合性农协的组织体制过渡。

(二) 改变外部经营主体与农民分散的交易方式,加强乡村资源对外开发的集体性和整体性,以整体性保证集体性

乡村发展潜力最大的部分是依托乡村自然和人文资源进行一、二、三产业融合发展。生态文明的资源制度安排需要体现全域概

念,不同于工业化时期资源可拆分交易,由于这些生态资源的整体性和不可分割性,应由农村集体经济组织作为代表,以村社整体资产和全部资源作价与工商业资本进行对等谈判,并以集体对全体村民的股权收益分配改善对村社内部的治理。如果任由工商业资本下乡就单一资源进行交易,往往导致本来应该针对生态文明需求而做全域整合的乡村资源被挑肥拣瘦、拆散卖出,或者被少付或不付成本地使用和开发。

（三）在村社内部,以农村集体经济组织为主构建治理和发展的基础框架

在小农经济将长期存在的基本国情下,必须以新型集体经济组织为桥梁实现小农与现代农业的衔接。在国家信用赋权加大乡村投资的历史机遇下,应对村域生态资源价值化做系统的制度安排,一方面积极发展"资源变股权,资金变股金,农民变股东"等"三变"形成的新型集体经济;另一方面由村集体作为资产管理公司对外推进 PPP 改革来发育综合性合作社,加强乡村内部的资源整合与村社治理,培育和加强"村社理性"。

为此,应以中央和地方两级财政投入为重建新型集体经济的杠杆和干股,撬动农民将手中的资源作价交给集体统一经营,既可提高村社集体对外议价能力,也可增强集体与农户之间的互动关系与利益关联,提高集体对农户的谈判地位,发挥村社内部利用非正规制度内部化、低成本处理村内事务的优势,发挥社会组织和文化建设的积极作用,发掘农村低成本治理经验,提高村社对于国家综合安全的正外部性。

（四）以县、乡为单位引入资本市场操作机制,建立乡村优质资源性资产的直接融资平台,既降低乡村开发的融资成本,也吸纳社会资金,降低政府财政负债率内推的经济泡沫化风险

在"去工业化"的大背景下,地方政府一方面继续招商引资,希

望通过引进资本提振本地产业,另一方面推动房地产开发为主的城镇化和金融化,既使得大量社会剩余被金融业和房地产开发所占有,也抬高了发育新型产业的土地和劳动力成本,如此陷入恶性循环。对此,通过构建乡村经济的资本市场,可以促进地方有实体产业支持的资本市场和金融体系发育,扭转金融"脱实向虚"的趋势。

这个制度设计以激励相容思想为指导,归纳总结了 20 世纪 80 年代以来各地和乡村的实践创新,综合体现了中央政府信用扩张、地方经济转型升级、城乡新型融合、乡村全面振兴等多方面的内在需求,对于促进"中央下乡"与"地方下乡"有机配合,弱化"中央—地方—基层"之间的"三元悖论",夯实国家综合安全的乡土基础进而构建新时代有中国特色的社会主义国家综合安全战略体系,具有较强的问题针对性和现实操作性。

(五) 协同发挥"政府理性"和"村社理性"作用

在贯彻落实国家安全战略的"软实力"上,应该重视本国现代化进程中客观地显现出来的、具有东方特色的两大"比较优势":"政府理性"和"村社理性"(何慧丽等,2014),并强调二者之间的协同性。

中国"政府理性"的比较制度在"集中力量办大事"上体现得最为充分。在乡村振兴中尤其需要加强中央政府的统筹协调能力。一方面,在风险累积达致危机前"化危为机",既要借助"举国体制"实施逆周期调节,又要同时利用危机爆发使几乎所有利益集团都受损的机会,适时推出触及利益结构的改革措施,节制地方的公司化发展行为;另一方面,积极推进生态文明战略转型,发挥在基本民生领域的积极治理作用,促进社会公平正义。在操作手法上,可以通过地方债务置换、金融制度创新等实现中央政府对地方政府的差异化信用赋权,进而引导地方政府加快从"亲资本"向"亲民生""生态文明"等方向转变,借此实现地方的多元化治理创新与结构转型升级(温铁军、高俊、董筱丹,2016)。

应将乡村基础建设作为促进"政府理性"与"村社理性"协同作

用的杠杆,以国家信用投资增加县域经济战略下城镇化的"无风险资产",这样既可以通过引导中小企业落户城镇、更多吸纳外出农民返乡就业,也可以通过发展农村一、二、三产业融合和"两型农业"对社会资源进行综合开发,促其转化成多功能、多元化的社会资本,以此构建农村和县以下城镇中新的"外部性风险内部化处置"的软着陆机制(温铁军、高俊,2016)。

应通过"政府理性"的制度引导,构建县乡村三级各有侧重的综合治理—发展体系(董筱丹等,2015),"自上而下"地提高农民和农村的组织化程度,同时通过文化嵌入、社会关联、伦理性整合等多种社会文化领域的机制创新,加强内部集体行动能力的建设,弱化项目资源分配中的"精英俘获",提升农民合作组织的"益贫性",使政府公共资源实现公共性、普惠性的效果。

参考文献

[1] 陈道银.风险社会的公共安全治理[J],学术论坛,2007,4.

[2] 戴晓琪.中产阶级与埃及政局变化[J],阿拉伯世界研究,2012,4.

[3] 董筱丹、梁漢民、区吉民、温铁军.乡村治理与国家安全的相关问题研究——新经济社会学理论视角的结构分析[J],国家行政学院,2015,4.

[4] 董筱丹、薛翠、温铁军.发达国家的双重危机及其对发展中国家的成本转嫁[J].红旗文稿,2011,11.

[5] 高俊、计晗、温铁军、董筱丹.国家综合安全的基础在于改善乡村治理[J],中国软科学,2017,2.

[6] 何慧丽、邱建生、高俊、温铁军.政府理性与村社理性:中国的两大"比较优势"[J],国家行政学院学报,2014,6.

[7] 胡文平.非商业持仓、石油价格与国际农产品期货价格波动的相关性分析[D],北京,中国人民大学硕士学位论文,2016.

[8] 计晗.粮食金融化与中国粮食安全研究[D],北京,中国人民大学博士学位论文,2016.

[9] 兰永海、贾林州、温铁军.美元"币权"战略与中国之应对[J],世界经济与政治,2012,3.

[10] 田松.科学共同体的荣誉与责罚[N],中国社会科学报,2012,12.

[11] 温铁军等.八次危机:中国的真实经济 1949—2009[M].北京:东方出版社,2013.

[12] 温铁军、高俊、董筱丹.逆周期调节与"政府信用替代资本信用"——苏州工业园区三次遭遇危机条件下的政府行为案例分析[J],中共中央党校学报,2016,1.

[13] 温铁军、高俊.重构宏观经济危机"软着陆"的乡土基础[J],探索与争鸣,2016,4.

[14] 温铁军、计晗、高俊.粮食金融化与粮食安全[J],理论探讨,2014,5.

[15] 温铁军、计晗、张俊娜.中央风险与地方竞争[J],国家行政学院学报,2015,7.

[16] 向松祚.美元霸权和美元陷阱(之一)最大债权国对债务没发言权[J],英才,2013,2.

[17] 张静.历史:地方权威授权来源的变化[J],开放时代,1999,3.

[18] [美]Hudson,M.论如何应对当前世界金融危机[J],国外理论动态,2008,11.

[19] [英]Dahrendorf,R.现代社会冲突[M],林荣远译,北京:中国社会科学出版社,2000.

[20] Ahmed,S.S. The Impact of Food and Global Economic Crises(2008) on Food Security in Egypt. African and Asian Studies,1974,13(1—2):223—224.

[21] Wallerstein,I. The Rise and Future Demise of the World Capitalist System:Concepts for Comparative Analysis,Comparative Studies in Society & History,2014,16(4):387—415.

雾霾会吓退入境旅游者吗？

——来自中国 31 个省（区、市）2007—2015 年的证据

杨未然　　程名望

[摘要]　本文基于推拉理论，采用中国 31 个省（区、市）2007—2015 年面板数据，建立计量模型分析了雾霾污染对入境旅游的影响，有主要结论：(1)雾霾污染对入境旅游规模有显著的负面影响，雾霾污染的加重会降低入境旅游的人数、人天数及外汇收入。(2)旅游业相关服务业服务水平的提高对游客满意度和忠诚度有显著的正效应。(3)经济发展程度、对外开放度及当地物价水平也对入境旅游规模有显著影响。该研究对于重视雾霾污染对入境旅游的冲击，实现入境旅游业绿色可持续发展，具有重要的现实意义。

[关键词]　雾霾污染；入境旅游；旅游需求

[中图分类号]　F592　[文献标识码]　A

近年来，雾霾作为一种危害性天气现象在全国蔓延开来，其影

　　[作者简介]杨未然，同济大学博士研究生，主要研究方向：企业重组与运营。程名望，同济大学经济与管理学院副院长、教授，主要研究方向：宏观经济与社会政策分析。

　　本研究得到教育部哲学社会科学研究重大课题攻关项目(15JZD026)、国家自然科学基金项目(71373179；71673200)、上海高校特聘教授(东方学者）岗位计划(TP2015023)、浦江人才计划(15PJC087)、曙光学者计划(15SG17)资助。

响的广度和深度持续增强,对社会经济生活造成较恶劣的负面影响。党的十九大提出要推进绿色发展,着力解决突出的环境问题,持续实施大气污染防治行动,显示了党和国家对大气污染防治的重视和决心。旅游业对雾霾污染较为敏感,持续恶化的雾霾污染降低了入境游客满意度,降低了入境旅游需求,对旅游业的健康发展形成一定的冲击。在此背景下,研究雾霾污染对入境旅游业的负面影响,降低雾霾污染对入境旅游的危害,实现入境旅游业的绿色可持续发展,具有重要的现实意义。

一、文 献 综 述

学者们十分重视该问题的研究,已有文献主要可以归纳为两部分。一是雾霾污染对入境旅游的影响程度。阿尼罗曼认为雾霾污染引起文莱旅游人数下降 3.75%,导致旅游产业损失近 100 万文莱元(Anaman, 2000)。戴等人认为天气因素影响旅游需求、旅游形象和旅游服务,进而影响旅游区短期和中期的经济绩效(Day et al., 2013)。萨加德认为旅游业受到气候变化和大气污染的严峻挑战,大气污染成为备受关注的环境问题(Sajjad, 2014)。陈研究发现大气污染吓退了热门景点的旅游者,空气质量恶化天数越多,景区月游客人数下降越显著(Chen, 2017)。展云逸(2016)研究发现对于媒体重点关注的 23 个城市,PM_{10} 浓度的上升会引起国内旅游和入境旅游人数的下降。阎友兵(2016)研究认为 2013 年雾霾造成的各省入境游客的减少数量与雾霾分布大体具有一致性。唐承财(2017)分国别研究了北京市雾霾对入境旅游的影响,认为雾霾天气能解释北京入境旅游规模 20% 的变动。谢佳慧(2017)基于旅游者决策黑匣子模型分析了雾霾与入境旅游的关系,固定效应回归结果表明 PM_{10}、二氧化硫和烟尘排放量对入境旅游规模有显著负面影响。二是雾霾污染对入境旅游的影响机理及其影响因素。学者们借鉴人口迁移理论中的"吸引力—排斥力"模型(Lee, 1966),认为入境旅游者做出旅游目的地决策时,也受旅游目的地的"吸引力—排斥力"两种力的影响,一种是吸引游客到某处旅游的吸引力,另一种是降低游客来某处旅游概率的排斥力。入境旅游的"排斥力"因素主要归结为旅游资源的规模和质量、旅游相关服务质量、区域经济发展与开放度等方面。扬和周认为雾霾天气是吓退游客的排斥力因素,重度雾霾下旅游交通的及时性和安全性难以得到保证(Yang & Zhou, 2005)。布鲁纳克夫和纳斯托斯认为短期或长期暴露在雾霾污染物中,可能会增加旅游者的发病率和死亡率(Brunekreef, 2002; Nastos, 2010)。宣国富(2012)研究发现经济发展水平、旅游资源丰度和区域经济发展战略是中国入境旅游的省际差异的影响因素。万绪才(2013)将旅游产品、知名度、区位因素和对外开放度纳入入境旅游影响因素的分析框架中。李凡(2013)通过构建旅游业和经济发展的指标体系,研究各指标对入境旅游的影响。近年来,雾霾污染作为入境旅游的"排斥力"因素,也被一些学者所关注。程德年(2015)认为雾霾导致的行动限制、安全威胁、健康威胁等风险因素增强了入境游客的环境风险感知,削弱了中国国际旅游竞争力(程德年,2015)。李静(2015)采用 SEM 模型验证北京入境游客的雾霾风险感知和旅游满意度之间的结构关系,认为雾霾风险感知对游客的满意度和忠诚度都有一定的削弱。彭建(2016)研究发现大陆居民对北京的雾霾及旅游健康风险感知敏感,且雾霾严重区域的居民对北京的雾霾风险感知更强。

就上述已有文献看,学者们从旅游资源禀赋、知名度、区位等方面,对重点城市或区域的入境旅游及其影响因素,做出了定性和定量的探讨。也有部分学者对重点区域如京津冀地区雾霾对入境旅游业的影响做出了分析,但基于全国各省层面的较系统的研究却较为匮乏。本文的贡献和创新有以下两点:(1)指标选取上更全面,以 PM_{10}、SO_2、NO_2 三者加总的年均浓度值和空气质量二级以上天数衡量雾霾浓度。(2)模型构建上更加注重指标选取全面性和拟合结果稳健性。选取入境旅游人数、入境旅游人天数和入境外汇收入三个因素作为被解释变量,引入诸多入境旅游影响因素作为核心解释变量,并控制经济发展水平、对外开放程度、当地物价指数对入境旅游的影响。

二、描述性统计及分析

就入境旅游情况看,如表1所示,2007—2015年,入境旅游人数呈先升后降的趋势,入境旅游人数从2007年的241.96万人次上升到2012年的375.05万人次,达到人数的最大值,平均每年增加26.62万人次。自2012年之后,入境人数呈逐年下降的趋势,平均每年下降68.58万人次,2015年的入境旅游人数下降到169.32万人次。入境旅游人天数与入境旅游人数的变化呈现一致性趋势,在2012年逐年增长到最大值1 064.77天,年均增长85.27天。此后,以年均193.24天快速下降到2015年的485.04天。与入境旅游人数及人天数不同,入境旅游外汇收入总体保持逐年上升的趋势,从2007年的91.33亿元到2015年的143.96亿元,年均增长7.20%。

就雾霾污染情况看(见表1),以2012年为分界,从雾霾浓度指标看,雾霾污染经历先下降后上升、而后小幅下降的变动过程。2012年以前,雾霾污染总体呈下降趋势,2013年雾霾污染有一个跳跃式的急剧上升,而后虽有小幅度的下降,但2013年以后的雾霾污染程度明显高于2012年以前的水平。从空气质量指标看,2007—2012年间,空气质量二级以上天数逐年增加,年均增长2.87天。2013年空气质量二级以上天数急剧减少,从2012年的328.61天下降到211.87天,而后两年虽有小幅上升,但空气质量相对于2012年之前都处于相对恶化的处境。由此可见,空气质量二级以上天数的变动趋势与雾霾污染的变动趋势表现出较强的一致性。

表1　中国 2007—2015 年入境旅游及雾霾浓度均值及变动趋势

年份	人数（个）	天数（天）	外汇收入（亿元）	雾霾浓度（$\mu g/m^3$）	空气质量指数
2007	241.96	638.43	91.33	195.62	314.26
2008	259.33	695.68	88.93	185.65	318.16
2009	259.33	695.68	93.47	179.13	321.10
2010	311.58	852.01	130.33	176.61	321.20
2011	344.29	968.40	108.29	170.28	326.81
2012	375.05	1 064.77	135.45	167.00	328.61
2013	290.08	786.33	129.57	214.71	211.87
2014	293.75	785.22	128.84	188.26	229.61
2015	169.32	485.04	143.96	165.90	253.16

注:指标说明及数据来源详见下文计量模型设定中的"数据来源与说明"部分及表 2。

进一步,就 PM_{10} 浓度的区域分布来看:(1)PM_{10} 浓度具有显著的区域集聚性。2015 年全国平均 PM_{10} 浓度为 97.77 $\mu g/m^3$,中部省份平均浓度最高,为 104.56 $\mu g/m^3$,西部次之,为 96.8 $\mu g/m^3$,东部最低,为 93.50 $\mu g/m^3$。由此可见,北方省份的雾霾污染程度明显高于南方。(2)PM_{10} 浓度的分布呈现高值区域和低值区域的相互分化的特征。华北地区的平均浓度为 116.60 $\mu g/m^3$,高出全国平均值的 19.26%,形成 PM_{10} 浓度的高值区域。长三角区域的平均浓度为 83.67 $\mu g/m^3$,低于全国平均水平。华南地区的雾霾平均浓度为 56.75 $\mu g/m^3$,仅为全国平均水平的 58.04%,形成 PM_{10} 浓度的低值区域。

就入境旅游人数的区域分布看:(1)入境旅游具有显著的区域集中性。2015 年,全国(除港澳台外)的入境旅游总人数为 9 886.13 万人,广东省、上海市、云南省、浙江省、广西省和北京市的入境旅游人数位列前六,六地的总入境旅游人数为 6 003.35 万人,占全国总入境旅游人数的 60.73%。其余 25 个省区市的入境旅游总人数为 3 882.78 万人,仅占全国总入境人数的 39.27%。(2)入境旅游密度呈东中西部梯度下降的趋势。具体来看,东部沿海地区以其优越的区位因素和较高的对外开放度吸引了 69.42% 的入境旅游人数；中部地区省份占总入境旅游人数的 15.90%，西部地区省份仅占 14.67%。

雾霾浓度与入境旅游的变动趋势一致吗？图 1 显示，三个核心被解释变量（入境旅游人数、入境旅游人天数、入境旅游外汇收入）与雾霾浓度之间有稳定的负相关关系。空气质量二级以上天数则与入境旅游人数呈正相关的变动趋势。该统计性描述虽然略显粗糙，但在一定程度上反映了这个可能的事实：游客的出游决策会把旅游目的地的空气质量考虑进来，雾霾浓度过高的区域对入境旅游者的吸引力会弱化。为了进一步证明该假设，下文进一步作计量分析。

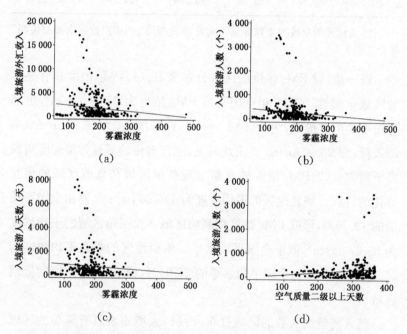

(a)

(b)

(c)

(d)

图 1　2007—2015 年雾霾污染、空气质量与入境旅游相关指标关系图

三、模型设定与回归分析

（一）模型设定

基于上文文献分析，建立入境旅游影响因素的计量模型：

$$\ln Tour_{it} = \alpha_0 + \sum_{k=1}^{K} \beta_k \ln(CEV_{it}) + \sum_{m=1}^{M} \beta_m \ln(CV_{it}) + \alpha_i + \varepsilon_{it}$$

(1)

模型(1)中，被解释变量 $\ln Tour_{it}$ 表示第 i 省第 t 年的入境旅游人数的对数。$\ln(CEV_{it})$ 代表影响入境旅游的核心解释变量的对数值，包括"雾霾浓度""旅游资源丰度""餐饮业发展水平""旅行社发展水平"等。$\ln(CV_{it})$ 代表可能对入境旅游产生影响的控制变量的对数，包括"经济发展水平""当地物价水平""对外开放程度""区位因素"4 个细分变量。α_i 为 i 省不可观测的个体效应，ε_{it} 是随机扰动项，α_0 是模型的截距项，β_k 是核心解释变量的系数项，β_m 是控制变量的系数项。详细的变量解释如表 2 所示。

表 2　变量设置及代理变量

类　型	变量名称	变量定义	均值	代理变量
核心被解释变量	popu	入境旅游人数	282.74	入境旅游过夜人数(万人)
	day	入境旅游人天数	774.62	入境旅游人天数(万人天)
	exchange	入境旅游外汇收入	116.68	入境旅游外汇收入(亿元)
核心解释变量	fre	空气质量	291.64	空气质量二级以上天数(天)
	pm	雾霾浓度	182.57	PM_{10}、SO_2、NO_2 的浓度值加总
	spot	旅游资源丰度	4.19	5A 级景点数(个)
	restu	餐饮业发展水平	1 071.95	赋予星级饭店一定权重计算得出
	travel	旅行社发展水平	130.80	旅行社数(个)
控制变量	pgdp	经济发展水平	626.15	人均 GDP(人/千元)
	trade	对外开放程度	37.96	进出口总额(亿元)
	price	当地物价水平	756.64	消费者价格指数(以 2007 年为基期)
	area	区位因素	720.66	省会城市与北上广的最短直线距(千米)

(二) 数据来源及说明

入境旅游相关指标数据，包括入境旅游人数、人天数和外汇收入等均来源于《中国旅游年鉴》(2008—2016 年)。各省份的雾霾污染相关指标,包括 PM_{10}、SO_2、NO_2 及空气质量在二级以上的天数收集整理自《中国城市年鉴》(2008—2016 年);各省份经济发展水平、物价水平和对外开放度指标收集整理自《中国统计年鉴》(2008—2016 年)。物价水平以 2007 年为基期计算得到,人均 GDP 以 2007 年物价水平为基期做调整,对外贸易额则以当年平均汇率折算为人民币,并以物价水平做调整。各省份 5A 级景区数量从中华人民共和国旅游局官方网站获得。需要说明的是,第一,入境游客分为旅游娱乐和商务出行两类,旅游娱乐主要受区位和景点资源丰度等因素的影响。商务出行则与一省的对外开放度和贸易关系紧密程度有很大的关系。考虑到入境旅游游客多从北上广三个口岸城市进入中国大陆,"区位因素"由各省份省会城市到北上广(北京市、上海市和广州市)的最短直线距离来衡量。第二,餐饮业发展水平的数据,由不同星级酒店的数量,从高到低赋予递减的权重计算得到。

(三) 实证结果及分析

回归结果如表 3 所示:模型(1)是混合回归,模型(2)是固定效应回归,模型(3)是随机效应模型,模型(4)是随机效应 MLE 模型。4 个模型的 R^2 和 F 值均较大,解释变量联合来看是显著的,说明各解释变量的选择也具有一定的合理性。Huasman 检验的 P 值为0.01,说明选择固定效应模型是比较合理的。以模型(2)为最优模型,分析可见:(1)雾霾浓度的影响。雾霾浓度选择滞后一期,一是可以较好的克服内生性问题,二是雾霾具有一定的"棘轮效应",即一旦上升就很难再降下来。入境游客对雾霾严重程度的判断,往往是根据上一年的雾霾污染天数来判断。就回归结果看,雾霾浓度系数在 5% 的显著性水平上显著为负,滞后一期的雾霾浓度上升 1 个单位,导致基期入境旅游人数下降 0.36%。由此可见,雾霾对入境旅游人数有显著的负面影响。(2)就控制变量看,首先,"经济发展水平""餐饮业发展水平""旅行社发展水平"和"对外开放程度"等变量的系数显著为正,表明经济发展水平越高、服务水平越好、对外开放程度越高,入境游客数量越大。其次,"旅游资源丰度"的系数显著为负,该结论似乎不太符合一般的判断。进一步分析发现,入境游客分为旅游娱乐和商务出行两类,旅游娱乐主要受景点资源丰度等因素的影响,商务出行则与一省的对外开放度和贸易关系紧密程度有很大的关系。因此,在本文的模型中,"旅游资源丰度"的系数显著为负,是和本文数据中包含商务出行有关。

表3　回归估计结果

变　量	(1) OLS	(2) FE	(3) RE	(4) MLE
ln pm_1	−1.21*** (−0.16)	−0.36** (−0.14)	−0.35** (−0.14)	−0.35** (−0.14)
ln $spot$	−0.20* (−0.12)	−0.12** (−0.06)	−0.08 (−0.06)	−0.08 (−0.06)
ln $restu$	0.58*** (−0.15)	0.10 (−0.15)	0.40*** (−0.13)	0.38*** (−0.14)
ln $travel$	0.67*** (−0.12)	0.36** (−0.17)	0.04 (−0.14)	0.02 (−0.15)
ln $pgdp$	0.16 (−0.11)	0.16** (−0.07)	0.15** (−0.07)	0.15** (−0.07)
ln $trade$	0.37*** (−0.06)	0.39*** (−0.07)	0.43*** (−0.07)	0.43*** (−0.07)
ln $price$	−1.97** (−0.85)	−0.43 (−0.59)	−1.57*** (−0.51)	−1.51*** (−0.52)
Cons	9.49** (−4.10)	7.82*** (−2.14)	9.51*** (−2.20)	9.59*** (−2.20)
R^2	0.78	0.20	0.17	
F值(Wald值)	100.39	8.40	137.22	86.21
N	248	248	248	248

注:(1)括号上边报告的是系数,括号中报告的是标准误;(2)***、**、*分别表示在1%、5%和10%水平上显著。

四、稳 健 性 检 验

为验证上述模型及其结论的稳健性,建立模型(5)。在模型(5)中,被解释变量采用入境旅游人天数,核心解释变量雾霾污染则用一省每年空气质量二级以上的总天数来衡量。回归结果如表4中模型(5)所示。分析可见,雾霾污染的系数在1%显著性水平上显著为正。对比可见,模型(2)中,雾霾浓度上升一个单位会带来入境

表4 稳健性检验回归结果

变　量	(5) FE	(6) FE
$\ln fre\_1$	0.002*** (−0.00)	
$\ln pm\_1$		−0.35** (−0.15)
$\ln spot$	−0.15** (−0.06)	−0.11* (−0.06)
$\ln restu$	0.14 (−0.17)	0.38** (−0.16)
$\ln travel$	0.46** (−0.19)	0.01 (−0.19)
$\ln pgdp$	0.20*** (−0.07)	0.24*** (−0.06)
$\ln trade$	0.36*** (−0.08)	0.24*** (−0.07)
$\ln price$	1.14* (−0.66)	1.43* (−0.70)
Cons	−0.97 (−2.39)	−5.81** (−2.50)
R^2	0.28	0.44
F值(Wald值)	13.36	23.08
N	248	248

注:(1)括号上边报告的是系数,括号中报告的是标准误;(2)***、**、* 分别表示在1%、5%和10%水平上显著。

人数下降 0.363%,模型(6)说明,在 1% 的显著性水平下,空气质量二级以上天数对入境旅游人天数有正向影响,该天数每上升 1%,会带来入境旅游人天数上升 0.002%。由此可见,模型(6)和模型(2)的结论具有一致性。同样,其他解释变量对被解释变量的作用方向都没有显著发生变化,说明计量模型的估计结果具有一定的稳健性。进一步,被解释变量采用入境旅游外汇收入,建立模型(6)。分析模型(6)可见,滞后一期的雾霾污染与入境外汇收入之间,在显著性 5% 的情况下显著为负,且该浓度每上升 1%,入境旅游外汇收入会下降 0.35%,进一步证明了上文模型的稳健性。

五、结 论 与 评 述

本文通过计量分析,考察了雾霾污染对入境旅游人数、入境旅游人天数、入境旅游外汇收入的影响。得出以下结论:(1)就雾霾与入境旅游关系而言,雾霾污染对入境旅游的影响不容忽视。雾霾污染每上升 1%,会带来入境旅游人数下降 0.36%,入境旅游人天数下降 0.002%,入境旅游外汇收入下降 0.35%。由此可见,雾霾污染对入境旅游的负面影响显著。(2)就入境旅游与其他解释变量的关系来看,旅游相关服务业发展水平,如星级酒店指数、交通便利度、旅行社个数与入境旅游有正相关关系,表明提高旅游服务业水平对入境旅游有一定的促进作用。另外,对外开放程度、经济发展水平及当地物价水平都与入境旅游有一定的关系,表明经济发展水平和对外开放程度也是影响入境旅游的重要因素。

对应的政策启示如下:(1)对于雾霾污染高发区而言,需要政府、媒体和企业三方联合来应对雾霾污染对入境旅游市场的冲击。环保部门要加强雾霾污染的全过程管理,摸清雾霾污染产生和扩散的机理,加强源头管理和污染治理,持续降低雾霾污染程度,优化空气质量。旅游管理部门要对雾霾污染产生的负面影响进行危机公关,及时向国外发布雾霾治理成效,打消入境旅游者对雾霾污染的顾虑。加大旅游景区的宣传力度,创新海外推广模式,打造景区的营销亮点,注重广告的精准投放,提高景区的知名度和吸引力。(2)对于空气质量良好的区域而言,可将优质空气和健康旅行作为营销亮点,并适时推出机票、景点门票等优惠活动吸引入境游客。加大景区的自然和人文景观的开发力度,整合区域内旅游资源,形成旅游产业集群,延长入境游客的停留时间。(3)加大对经营入境游旅行社的政策扶持力度,提高旅行社的服务质量,充分发挥旅行社的桥梁作用,以优质的信息服务、交通服务、导游服务、食宿服务,提高入境游客的满意度。

参考文献

[1] 程德年,周永博,魏向东,等.基于负面 IPA 的入境游客对华环境风险感知研究[J].旅游学刊,2015,30(1):54—62.

[2] 李凡,吉生保,章东明,等.中国入境旅游发展的影响因素研究——基于面板分位数回归的省际经验证据[J].山西财经大学学报,2013,35(1):41—50.

[3] 李静,Philip L.Pearce,吴必虎,等.雾霾对来京旅游者风险感知及旅游体验的影响——基于结构方程模型的中外旅游者对比研究[J].旅游学刊,2015,30(10):48—59.

[4] 唐承财,冯时,戴湘毅.雾霾天气对北京入境旅游者的影响分析[J].干旱区资源与环境,2017,31(8):198—202.

[5] 万绪才,王厚廷,傅朝霞,等.中国城市入境旅游发展差异及其影响因素——以重点旅游城市为例[J].地理研究,2013,32(2):337—346.

[6] 谢佳慧,李隆伟,王艳平.排斥物:雾霾降低入境旅游规模[J].当代经济科学,2017,39(1):113—123.

[7] 宣国富.中国入境旅游规模结构的省际差异及影响因素[J].经济地理,2012,32(11):156—161.

[8] 阎友兵,张静.基于本底趋势线的雾霾天气对我国入境游客量的影响分析[J].经济地理,2016(12):183—188.

[9] 展云逸,尹海涛.空气质量对我国旅游城市的影响分析——基于

2005—2014 年全国 135 个旅游城市的面板数据[J].西南师范大学学报(自然科学版),2017, 42(1):88—94.

[10] Anaman K.A., Looi C.N. Economic Impact of Haze-Related Air Pollution on the Tourism Industry in Brunei Darussalam 1[J]. Economic Analysis & Policy, 2000, 30(2):133—143.

[11] Brunekreef B., Holgate S.T. Air Pollution and Health.[M]//Air Pollution and Health/. Academic Press, 1999:1233—1242.

[12] Chen C.M., Lin Y.L., Hsu C.L. Does Air Pollution Drive Away Tourists? A Case Study of the Sun Moon Lake National Scenic Area, Taiwan [J]. Transportation Research Part D Transport & Environment, 2017, 53:398—402.

[13] Day J., Chin N., Sydnor S., et al. Weather, Climate, and Tourism Performance: A Quantitative Analysis[J]. Tourism Management Perspectives, 2013, 5:51—56.

[14] Lee E.S. A Theory of Migration[J]. Demography, 1966, 3(1):47—57.

[15] Nastos P.T., Paliatsos A.G., Anthracopoulos M.B., et al. Outdoor Particulate Matter and Childhood Asthma Admissions in Athens, Greece: A Time-series study[J]. Environmental Health, 2010, 9(1):45.

[16] Sajjad F. Noreen U. Zaman K. Climate Change and Air Pollution Jointly Creating Nightmare for Tourism Industry[J]. Environmental Science & Pollution Research, 21(21):12403—12418.

[17] Yang G.J., Vounatsou P., Zhou X.N., et al.. A Potential Impact of Climate Change and Water Resource Development on the Transmission of Schistosoma Japonicum in China[J]. Parassitologia. 47(1):127.

土地利用与宅基地政策

上海市土地利用变化碳排放量测算及低碳优化研究

吴开亚

[摘要] 本文以 2000—2015 年为一个时间序列,通过构建土地利用碳排放框架,分别对上海市林地、草地、耕地和建设用地碳排放量进行测算,并基于 ARIMA 模型对上海市 2016—2020 年不同土地利用类型碳排放量进行预测;设计了经济偏向型、技术偏向型、低碳偏向型和平衡型等四种土地利用碳排放的优化方案,通过构建投入产出多目标优化模型,利用 NSGA-Ⅱ遗传算法对不同优化方案下各土地利用类型碳排放量进行分析。结果表明:2000—2015 年,上海市草地、林地和建设用地碳排放(吸收)量均呈现逐年增长趋势,耕地碳排放量呈递减趋势,土地利用净碳排放量呈增长趋势,年均增长率为 1.04%,主要来源于居民生活及工矿用地对能源消耗。2016—2020 年上海市土地利用净碳排放量年均增长率为 0.05%,基本呈现出一个平稳状态;分别从节能减排和土地利用方式调整的碳排放效应来看,"技术偏向型"土地利用调整方案最优,与 2015 年相比能使净碳排放量下降 15.09%,同时使草地和

[作者简介]吴开亚,复旦大学社会发展与公共政策学院教授。
基金项目:国家自然科学基金(编号:71573045)。

林地面积分别增加 6.02% 和 14.27%。

[关键词]　土地利用;碳排放;低碳;遗传算法;上海市

[中图分类号]　F062　[文献标识码]　A

　　城市经济的快速发展,使得城市土地密集开发、建设用地快速扩张,而林地、草地和湿地等生态用地则被不断破坏。城市土地结构不合理,土地利用发展不平衡是城市发展亟待解决的问题。[1—2]有研究表明过去的一个多世纪里,由于土地利用方式的改变使得大气中增加的碳排放量占人类活动因素的 33%。[3]同时随着土地利用开发强度不断加深,导致主要碳汇作用的草地和林地面积正逐渐减少;与此同时,城市建设用地规模的逐年扩张,由此导致大气中二氧化碳浓度逐年增高。[4]而通过改变土地利用方式是实现城市低碳经济的重要手段之一,因此要实现环境经济的和谐发展就必须实行经济有效的土地利用开发方式。[5]当前,各国学者对不同生态系统碳排放开展了诸多研究,如森林生态系统[6—7]、草地生态系统[8—9]、农田生态系统[10—12]、城市生态系统[13—14]等,其中对城市生态系统的研究主要集中于城市能源消费的碳排放,但对区域不同土地利用方式的总体研究还相对较少。

　　目前,国外学者[15—18]关于区域土地利用变化的碳排放开展了相关研究。霍顿(Houghton,1991)提出并逐步完善的簿记模型是研究土地利用和林业碳排放的经典模型,该模型按年度计算区域内土地利用类型面积及其碳密度、碳通量。胡蒂拉等(Hutyra et al.,2011)研究了 1986—2007 年西雅图城市碳排放与土地利用变化及城市扩张的关系。莱特等(Leite et al.,2012)发现巴西 1940—1995 年土地利用变化的碳排放总量是化石燃料燃烧所排放碳量的 11 倍。达卡尔(Dhakal,2004)基于 ICLEI 方法体系对东京、首尔、北京和上海的温室气体排放进行了研究。国内学者[19—24]通过构建土地利用碳源/碳汇体系框架分别对江苏省、湖北省、武汉市、南京市、广州市等区域开展土地利用碳排放量核算,并深入分析了土地利用变化的碳排放效应。而对于土地利用结构优化的方法研究主要集中于线性规划模型。多克莫西(Dokmeci, 1974)首次提出土地利用结构优化应是多目标的,并将多目标线性规划模型引入到了土地资源配置的研究中。耿红等(2000)采用了模糊线性规划的方法,通过构建灰色线性规划模型研究推理用优化的方案。马修斯等人(Matthews et al., 2006)在分析土地结构优化时,在优化配置决策系统中采用遗传算法,将不同的土地利用对象和不同的土地利用类型采用基因位和基因编码表示。徐昔保(2007)则引入元胞自动机的方法,结合遗传算法在空间格局的演算优势,构建了兰州市的土地优化模型。在土地利用结构优化的基础上,诸多学者还进行了土地利用的低碳优化研究,采用的方法主要集中在基于信息熵法分析两者之间关联建立多目标线性规划模型和基于 GIS 和遥感数据基础上的线性规划模型。韦严等(2011)运用信息熵方法分析了土地利用结构和碳排放之间的关系,从土地利用结构、规模、布局和调控手段阐述了广西省北部的土地利用模式。汤洁等(2008)根据陆地卫星 TM 遥感数据影像,以生态系统碳排放和碳吸收平衡为目标,构建了吉林省土地利用碳排放的优化配置。而余德贵等(2011)通过集成 Markov 模型和结构优化方法,构建了区域土地利用结构的低碳优化动态调控模型(LUSCC),对未探索区域未来的低碳土地利用结构优化提供了新的思路。

虽然现有的研究和方法已较为成熟,但在土地的碳排放研究中往往忽视土地利用的碳汇量,未能真实体现出城市的碳排放格局及土地利用的碳排放强度。此外,区域层面研究还不够丰富及典型,较少对我国沿海发达城市土地利用变化净碳排放量开展研究。鉴于此,本文以上海市为研究区域,建立土地利用碳源和碳汇的研究框架,构建不同土地利用类型碳排放量核算体系,对该地区 2000—2015 年的林地、草地、耕地和建设用地等四种不同土地利用类型的碳排放量进行测算,并设计三种土地利用碳排放的优化方案:"经济偏向型、技术偏向型、低碳偏向型和平衡型",通过构建投入产出多目标优化模型,利用 NSGA-Ⅱ遗传算法对不同优化方案下各土地利用类型碳排放量进行分析,为今后上海市土地利用规划以及低碳城市建设等方面提供合理建议。

一、数据来源和研究方法

(一) 数据来源

本文研究所涉及的人口、经济数据来源于《上海统计年鉴》;土地面积数据主要采用 2001—2016 年上海市土地利用变更调查统计数据和"上海市国民经济和社会发展统计公报";能源数据来源于《上海能源统计年鉴》,能源消耗量采用原煤、原油、焦炭、燃料油、汽油、煤油、柴油和天然气这 8 种能源类型,GDP 以 1999 年不变价格计算,消除价格变动因素影响。

(二) 碳排放量测算方法

根据《全国土地分类标准》,本文研究的土地利用类型主要分为农用土地和建设用地,其中农用土地类型包括草地、林地和耕地。碳源主要包括建设用地中能源消耗和耕地活动中所产生的碳排放两大类,碳汇主要包括林地、草地与耕地等生产性土地植被生育期的碳吸收。碳排放量的计算公式如下:

$$C_i = \sum S_i \times \delta_i \tag{1}$$

式中,C_i 为第 i 类土地利用方式产生的碳排放(吸收)量(单位:10^4 t);S_i 为第 i 类土地的利用面积(单位:km^2);δ_i 为第 i 类土地利用方式的碳排放(吸收)系数(单位:10^4 t/km^2)。其中,不同农用土地类型碳排放(吸收)系数如表 1 所示。

表 1　草地、林地、耕地碳排放(吸收)系数

土地类型	碳排放系数(10^4 t/km^2)
草地(C_1)	$-0.000\ 21$
林地(C_2)	$-0.577\ 00$
耕地(C_3)	$-0.000\ 07$
耕地(C_3)	$0.004\ 29$

注:系数为负值表示碳吸收,系数为正值表示碳排放。

建设用地的碳排放量主要由承载的人类各项生产活动中能源消耗产生,其碳排放量通过人类活动产生的能源消耗的碳排放间接估算的,计算公式参考 IPCC 清单计算方法,如下所示。

$$C_4 = \sum E_j \times \varphi_j \tag{2}$$

式中,C_4 为建设用地产生的碳排放量(单位:10^4 t);E_j 为第 j 种能源的消耗量(单位:10^4 t/tce);φ_j 为第 j 种能源的碳排放系数。为保证结果的准确性和全面性,选取 8 个代表性较强的消费能源种类:原煤、原油、焦炭、燃料油、汽油、煤油、柴油和天然气,其能源碳排放系数来源于 2006 年《IPCC 国家温室气体清单指南》缺省值,如表 2 所示。

表 2　各类能源碳排放系数

能源种类	碳排放系数(10^4 t/10^4 tce)
原　煤	0.755 9
原　油	0.585 7
焦　炭	0.855 0
燃料油	0.618 5
汽　油	0.553 8
煤　油	0.571 4
柴　油	0.592 1
天然气	0.448 3

(三) ARIMA 模型

ARIMA 模型(Autoregressive Integrated Moving Average Model)是由博克斯和詹金斯于 20 世纪 70 年代初提出的一个著名时间序列预测方法,全称自回归积分滑动平均模型(Box and Jenkins, 1976)。它是将非平稳时间序列转化为平稳时间序列,对因变量以及随机误差项的现值和滞后值进行回归所建立的模型。ARIMA 模型的一般数学表达式为:

$$y_t = \phi_1 y_{t-1} + \cdots + \phi_p y_{t-p} + \varepsilon_t + \varphi_1 \varepsilon_{t-1} + \cdots + \varphi_q \varepsilon_{t-q} \qquad (3)$$

式中,ϕ_1, ϕ_2, $\cdots$, ϕ_p 为自回归系数,满足平稳性条件;φ_1, φ_2, $\cdots$, φ_q 为滑动平均系数;ε_t 为白噪声序列(最简单的宽平稳过程)。

时间序列模型的具体分析如下:

(1) 确定时间序列的因变量;

(2) 计算调整期(月、季、年)指数,以测定季节变动因素的影响程度;

(3) 调整时间序列的初始指标值,消除季节变动因素影响;

(4) 根据时间序列的调整值拟合长期趋势模型;

(5) 测量周期波动幅度;

(6) 预测目标指标未来的数值。

(四) 投入产出法

投入产出分析法最早是由列昂惕夫提出,投入产出的基本模型是根据投入产出系统的经济内容利用线性关系而建立的行平衡与列平衡的线性方程组,模型基本形式如下:

$$C = XA + Y \qquad (4)$$

式中,C 表示碳排放量;A 表示 $n \times n$ 的直接消耗系数矩阵 $\{a_{ij}\}$,直接消耗系数 a_{ij} 表示第 j 类土地利用面积直接拉动第 i 类土地利用的碳排放量,共有 n 类土地利用类型,则 $i = 1, 2, \cdots, n$,

$j=1, 2, \cdots, n$；X 是由各类土地利用类型面积组成的 $n \times 1$ 阶列向量；Y 是由各类土地利用类型的碳排放量所组成的 $n \times 1$ 阶列向量。

(五) 土地利用碳排放效应优化方法

通过以投入产出公式(4)作为约束条件,低碳经济发展为目标函数,构建多目标线性规划函数,同时利用 NSGA-Ⅱ遗传算法解决多目标优化问题,将能源消耗、土地利用和碳排放量控制在一个合理的范围内,使三者达到最优的状态。

根据低碳经济的发展目标,以经济水平、技术水平和碳排放量构成一组目标函数,作为评价土地利用方式调整方案的基准和依据构建目标函数。

$$
\begin{cases}
\min Z_1 = -\alpha^T X \\
\min Z_2 = \beta^T X \\
\min Z_3 = \eta X
\end{cases}
\tag{5}
$$

式中,Z_1 为经济水平,用人均 GDP 最大化表示,为了计算方便这里求解人均 GDP 最小值,α 为 n 阶单位土地利用面积的人均 GDP 列向量,Y 为 n 类土地利用类型的碳排放量组成的列向量 $[Y_1, Y_2, \cdots, Y_n]^T$；$Z_2$ 为技术水平,用单位 GDP 的能源消耗量最小化表示,β 为 n 阶单位土地利用面积能源消费的行向量,X 为 n 类单位土地利用面积 $[X_1, X_2, \cdots, X_n]^T$；$Z_3$ 为碳排放目标,以土地利用碳排放净碳排放量最小化来表示,η 表示为 n 类单位土地利用类型面积的碳排放量构成的行向量。

土地利用类型可划分为 4 种(即 $n=4$,即草地、林地、耕地和建设用地),已知某一特定年份土地利用面积总投入 $\overline{X}$,设定约束条件如下:

$$
\begin{cases}
C - XA \geqslant Y \\
\sum_i X_i = 6\,050.25 \\
X > 0, Y > 0
\end{cases}
\tag{6}
$$

（六）NSGA-Ⅱ遗传算法设计

NSGA-Ⅱ遗传算法（Nondominated Sorting Genetic Algorithms Ⅱ）是多目标优化算法，是瑟瓦尼斯和戴布于 2000 年在 NSGA 遗传算法的基础上提出的一种全局优化搜索算法，具有简单通用、鲁棒性强、适于并行处理等显著特点。NSGA-Ⅱ遗传算法是基于帕累托最优的算法。本文采用 MATLAB 软件编程实现最优解集，进而从中选择符合要求的方案，令 $\bar{Z}_1$、$\bar{Z}_2$、$\bar{Z}_3$ 分别表示经济水平、技术水平和碳排放的目标函数值。

$$\bar{Z}=\theta_1\bar{Z}_1+\theta_2\bar{Z}_2+\theta_3\bar{Z}_3 \tag{7}$$

式中，$\bar{Z}$ 为最优方案，θ_1 为 $\bar{Z}_1$ 的权数，θ_2 为 $\bar{Z}_2$ 的权数，θ_3 为 $\bar{Z}_3$ 的权数。

二、结果分析与讨论

（一）土地利用碳排放量测算结果

根据公式(1)和公式(2)，利用上海市 2000—2015 年相关时间序列数据，计算得到各年不同土地利用类型的碳排放（吸收）量，如图 1 所示。

由图 1 可看出，草地、林地土地利用方式主要发挥碳汇作用，在土地利用方式中扮演碳吸收的角色，林地的碳吸收量呈现逐年增长趋势，林地面积从 2000 年的 158.20 平方公里增长到 874.02 平方公里，年均增长率为 28.28%，碳吸收量从 2000 年的 91.28 万吨增长到 2015 年的 504.31 万吨，年均增长率为 28.28%；草地面积从 2000 年的 108.86 平方公里增长到 2015 年的 189.90 平方公里，年均增长率为 4.65%，碳吸收量从 2000 年的 0.023 万吨增长到 0.040 万吨，年均增长率为 4.65%，变化较小。耕地与建设用地土地利用方式主要发挥碳源作用，耕地面积从 2000 年的 2 859.74 平方公里减少到 2015 年的 1 898.01 平方公里，年均增长率为 −3.17%，碳排放量从

2000 年的 12.07 万吨减少到 8.01 万吨,年均增长率为－3.17％;建设用地面积从 2000 年的 1 909.11 平方公里到 2015 年的 3 071.33 平方公里,年均增长率为 3.80％,碳排放量从 2000 年的 1 898.91 万吨增长到 2015 年的 2 619.31 万吨,年均增长率为 2.37％。

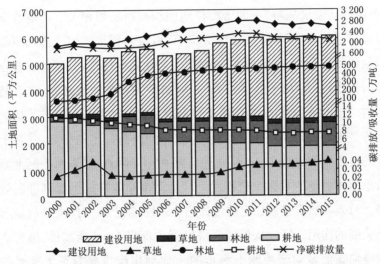

图1 上海市不同土地利用类型面积及碳排放(吸收)量变化情况

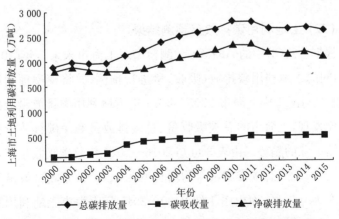

图2 上海市 2000—2015 年总体土地利用碳排放变化情况

由图 2 可看出,上海市 2000—2015 年土地利用碳排放量总体呈上升趋势,土地利用净碳排放量从 2000 年的 1 819.68 万吨增长到 2015 年的 2 122.97 万吨,总体净碳排放量增长 303.29 万吨,涨幅为 16.67%,年均增长率为 1.04%。可看出上海市这 16 年间土地利用碳排放主要来源于居民生活及工矿用地对能源消耗所产生的碳排放,碳吸收主要依靠林地,林地碳吸收作用明显,这与上海市"低碳经济发展战略"中的增加林地面积政策密切相关。草地的碳吸收作用较弱,近几年一直在 0.05 万吨以内,而耕地的碳排放和碳吸收作用综合后,表现为碳排放作用,对比建设用地,其碳排放量也相对较小,近几年通过上海市的控制耕地面积政策稳定在 10 万吨以内。同时还可看出,上海市土地利用总碳排放量与净碳排放量的趋势基本吻合,且在 2000 年到 2015 年间保持一定的稳定,并在上升的过程中都出现 2012 年和 2015 年两个下降点,这表明控制上海市总碳排放量的数据一定程度上对上海市净碳排放量起到抑制效果。总碳吸收量呈现稳定的增长趋势,对抑制上海市净碳排放量起到关键的作用。所以从低碳经济发展方面来看,节能减排、植树造林增加碳汇量对于控制上海市的土地利用碳排放有至关重要的作用。

(二) 土地利用碳排放量预测结果

根据公式(3)中的 ARIMA 预测模型对上海市未来 5 年(2016—2020)间的土地利用碳排放(吸收)量进行预测,并将模型预测结果(见表 3)与图 1 中上海市 2000—2015 年土地利用碳排放量数据进行对比发现,上海市的总碳吸收量、总碳排放量和净碳排放量都呈现持续上涨的趋势。由表 3 可知 2016—2020 年总碳吸收量年均增长率为 0.73%,总碳排放量年均增长率为 0.18%,净碳排放量年均增长率为 0.05%;而由图 1 知 2000—2015 年上海市土地利用总碳吸收量年均增长率为 28.27%,总碳排放量年均增长率为 2.34%,净碳排放量年均增长率为 1.04%。通过比较往年数据和预测值发现:(1)2016—2020 年间碳吸收量年均增长率远低于过去 16 年间的年均增长率,而近几年的碳吸收量增长也在逐步减缓,这是由于城市地理环境有限,上海市目前的草地和林地土地开发已经渐渐进入了一个瓶颈,表明上海市未来的土地利用方式转变不能再简单地实施植树造林、开发绿地等传统措施。(2)2016—2020 年间碳排放量的年均增长率 0.18%,远低于 2000—2015 年间碳排放量的年均增长率 2.34%,这表明近年来上海市政府的一系列针对建筑用地碳排放的控制措施取得较好的效果,这些措施包括严格控制城市建设用地规模、巩固生态保护红线;减少新增建设用地计划、完善新增建设用地计划管理;优化城乡建设用地布局、促进存量工业用地调整升级、开展中心城城市更新、支持多渠道实施"城中村"改造、创新土地收储机制;切实提升土地资源配置效率;加强土地集约复合利用;建立土地信息共享平台、全面落实考核评价机制等。(3)2016—2020 年间土地利用净碳排放量年均增长率为 0.05%,而过去 16 年间净碳排放量年均增长率为 1.04%,这表明上海市的土地利用类型已经基本进行一个平稳的状态,而为了更好地节能减排发展低碳经济,需要更合理的土地利用类型结构系统。

表3 上海市 2016—2020 年土地利用碳排放量预测结果

年份	碳吸收量/万吨		碳排放量/万吨		总碳吸收量/万吨	总碳排放量/万吨	净碳排放量/万吨
	草地	林地	耕地	建设用地			
2016	0.035 7	512.495 0	7.794 2	2 620.400 1	512.530 7	2 628.194 3	2 115.663 6
2017	0.035 8	518.298 0	7.717 1	2 628.067 3	518.333 8	2 635.784 4	2 117.450 6
2018	0.036 0	523.277 9	7.649 1	2 634.481 1	523.313 9	2 642.130 2	2 118.816 3
2019	0.036 1	527.551 6	7.589 3	2 639.848 5	527.587 7	2 647.437 8	2 119.850 1
2020	0.036 2	531.219 1	7.536 6	2 644.338 8	531.255 3	2 651.875 4	2 120.620 1

(三) 土地利用碳排放优化结果分析

根据上海市经济水平、技术水平以及土地利用碳排放情况,以公式(4)作为约束条件,以低碳经济发展为目标函数,构建投入产出多目标优化模型,并基于 NSGA-Ⅱ遗传算法模拟测算与分析上海市土地利用方式调整可能产生的碳排放效应。以 2016 年的《上海统计年鉴》为主要数据来源,其中 $\overline{X} = 6\,050.25$ 平方公里。根据公式(4)和表 1 数据可计算得到 4 类土地利用方式的直接消耗矩阵 A,如下所示:

$$A = \begin{bmatrix} 0.000\,21 & 4.56\times10^{-5} & 2.10\times10^{-5} & 1.30\times10^{-5} \\ 2.655\,7 & 0.577\,0 & 0.265\,7 & 0.164\,2 \\ 0.042\,18 & 0.009\,2 & 0.004\,2 & 0.002\,6 \\ 13.793\,1 & 2.996\,9 & 1.380\,0 & 0.852\,8 \end{bmatrix}$$

目标函数中的系数 α、β 和 η 向量计算结果为:

$$\alpha = \begin{bmatrix} 0.000\,2 & 9.63\times10^{-6} & 5.92\times10^{-2} & 0.005\,6 \end{bmatrix}^T$$

$$\beta = \begin{bmatrix} 0.050\,7 & 0.069\,1 & 0.644\,9 & 3.286\,3 \end{bmatrix}^T$$

$$\eta = \begin{bmatrix} -0.000\,21 & -0.577\,0 & 0.004\,2 & 0.852\,8 \end{bmatrix}^T$$

为了消除目标值的量纲和数量级对模拟结果的影响,同时尽可能保留差异程度方面的信息,这里先采用均值化方法,进行数值的同度量处理,再按照需要设定规则,从中选择符合要求的优化方案。由于上述模型的目标函数已统一为求最小值的形式,因而,以 $\overline{Z}$ 的最小值为最优方案。为了考察不同因素对土地利用碳排放效应的影响,根据式(7)设定以下四种优化方案:

(1)"经济偏向型",以经济增长为主,取 $\theta_1 = 1$,$\theta_2 = \theta_3 = 0$;

(2)"技术偏向型",以节能减耗为主,取 $\theta_2 = 1$,$\theta_1 = \theta_3 = 0$;

(3)"低碳偏向型",以减碳排放为主,取 $\theta_3 = 1$,$\theta_1 = \theta_2 = 0$;

(4)"平衡型",考虑三者因素平衡、共同发展,取 $\theta_1 = \theta_2 = \theta_3 = 1/3$。

模拟结果如表 4 所示:

表 4　NSGA-Ⅱ算法优化结果

影响因素	单位	2015 年数据	"经济偏向型"方案	"技术偏向型"方案	"低碳偏向型"方案	"平衡型"方案
草地	平方公里	189.90	190.73	201.33	135.73	223.69
林地	平方公里	874.02	873.37	998.72	976.21	927.97
耕地	平方公里	1 898.01	1 880.01	2 071.00	2 177.11	2 071.00
建设用地	平方公里	3 071.33	3 106.15	2 779.20	2 761.20	2 827.59
人均 GDP	万元	17.410 9	17.696 7	15.888 4	15.755 1	16.144 2
能源强度	吨标准煤/万元	0.453 3	0.457 4	0.419 9	0.420 0	0.426 0
净碳排放量	万吨	2 122.969 6	2 152.966 1	1 802.606 8	1 800.706 0	1 884.693 1

　　显然,在对土地利用变化碳排放进行模拟优化时,方案中多个目标之间是存在着冲突和矛盾,促经济增长的同时可能会给降低能耗及碳减排目标带来巨大压力。然而,土地利用方式的优化调整有利于将经济增长、能源强度与碳排放量三者尽可能协调起来,而这种调整终究会对碳排放产生多大影响,可从模型的模拟优化结果中能得到较充分的体现。表 4 给出了不同优化方案的模拟结果及2015 年的实际观测值。需要说明的是模型参数估计以 2015 年数据为基准,因而,所得估计值能充分反映当年各土地利用类型在一些方面的特性。因此,为保证一定的可比性,2015 年真实值被作为优化方案模拟结果的参照值。通过对上海市土地利用碳排放效应进行优化评估,得到了四种方案优化后的上海市不同土地利用类型的净碳排放量。由表 4 中可看出,"经济偏向型"方案的净碳排放量为 2 152.966 1 万吨,对比 2015 年上升了 29.99 万吨,上升 1.41%;"技术偏向型"方案的净碳排放量为 1 802.606 8 万吨,与 2015 年相比下降了 320.362 8 万吨,下降 15.09%;"低碳偏向型"方案的净碳排放量为 1 800.706 0 万吨,对比 2015 年下降了 322.263 8 万吨,下降 15.18%;"平衡型"方案的净碳排放量为 1 884.693 1 万吨,对比 2015 年下降了 238.276 6 万吨,下降了 11.22%。从碳排放角度考虑,后三种方案都能满足降低碳排放量的要求,其中"低碳偏向型"

方案最优,实现的减碳排放力度最大。同时可以看出,上海市 2015
年的能源强度为 0.455 3 吨标准煤/万元,"经济偏向型"方案的能源
强度为 0.457 4 吨标准煤/万元,对比 2014 年上升了 0.004 1 吨标准
煤/万元,增加了 0.90%;"技术偏向型"方案的能源强度为 0.419 9
吨标准煤/万元,对比 2015 年下降了 0.033 4 吨标准煤/万元,下降
了 7.37%;"低碳偏向型"方案的能源强度为 0.420 0 吨标准煤/万
元,对比 2015 年下降了 0.033 2 吨标准煤/万元,下降了 7.33%;"平
衡型"方案的能源强度为 0.426 0 吨标准煤/万元,对比 2015 年下降
了 0.027 2 吨标准煤/万元,下降了 6.01%。从节约能源,高效利用
的角度考虑,"技术偏向型"方案的能源强度降低幅度最大,其次是
"低碳偏向型"方案,满足了节能减排的双重要求。而从经济发展角
度考虑,2015 年的人均 GDP 为 17.410 9 万元,"经济偏向型"方案
的人均 GDP 为 17.696 7 万元,对比 2015 年增长了 0.285 7 万元,增
长率为 1.64%;"技术偏向型"方案的人均 GDP 为 15.866 3 万元,对
比 2015 年下降了 1.544 6 万元,降低率为 8.87%;"低碳偏向型"方
案的人均 GDP 为 15.755 1 万元,对比 2015 年下降了 1.655 8 万元,
降低率为 9.51%;"平衡型"方案的人均 GDP 为 16.144 2 万元,对比
2015 年下降了 1.266 8 万元,降低率为 7.28%。因此,从经济增长
的角度可得到"经济偏向型"方案>"平衡型"方案>"技术偏向型"
方案>"低碳偏向型"方案,"经济偏向型"方案最优,能满足经济发
展的要求。

表5 上海市土地利用方式调整优化方案

土地类型	2015 年数据		"经济偏向型"方案		"技术偏向型"方案		"低碳偏向型"方案		"平衡型"方案	
	面积/平方公里	比重	面积/平方公里	比重	面积/平方公里	比重	面积/平方公里	比重	面积/平方公里	比重
草 地	189.90	3.15%	190.73	3.15%	201.33	3.33%	135.73	2.24%	223.69	3.70%
林 地	874.02	14.49%	873.37	14.43%	998.72	16.51%	976.21	16.14%	927.97	15.34%
耕 地	1 898.01	31.46%	1 880.01	31.07%	2 071.00	34.23%	2 177.11	35.98%	2 071.00	34.23%
建设用地	3 071.33	50.91%	3 106.15	51.34%	2 779.20	45.94%	2 761.20	45.64%	2 827.59	46.74%

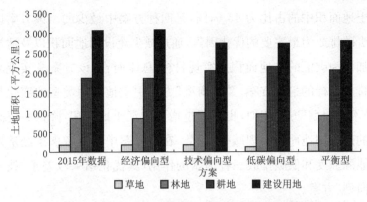

图 3　不同方案下上海市土地利用方式变化情况

　　根据 NSGA-Ⅱ算法的优化结果可以得到上海市 4 种土地利用
类型在总土地面积中的占比,如表 5 和图 3 所示。由表 5 和图 3 可
看出不同调整方案下上海市各类型土地利用方式变化情况。"经济
偏向型"方案中草地和建设用地的面积相比 2015 年分别增加了
0.83 平方公里、和 34.82 平方公里,林地和耕地面积对比 2015 年分
别减少了 0.65 平方公里和 18.00 平方公里。在该方案下,上海市作
为主要碳源的建设地土地增幅较大,对比前面研究分析可以发现
"经济偏向型"方案中作为主要的碳汇功能的草地和林地,土地变化
很小,并且对比 2015 年其占比是下降的,所以对降低碳排放量的调
控作用并不显著。该方案着重于上海市经济增长的需求,无法满足
降低能源强度和控制碳排放的要求。"技术偏向型"方案中作为碳
汇作用的草地和林地面积对比 2015 年分别增加了 11.43 平方公里
和 124.70 平方公里,作为碳源作用的耕地和建设用地面积对比
2015 年分别增加了 173.0 平方公里,减少了 292.13 平方公里。该
方案主要是调控能源强度,使得主要碳源的建设用地面积对比草地
和林地有较大的幅度的减低,从而起到较好的碳减排效果。"低碳偏
向型"方案中草地和建设用地的面积对比 2015 年分别减少了 54.17
平方公里、310.13 平方公里,而林地和耕地的面积对比 2015 年则分
别增加了 102.19 平方公里、279.11 平方公里,其中建设用地面积在

总土地面积中的占比为 45.64％,是四种方案中最少的。该方案以减少碳排放为最主要的优化因素,通过减少建设用地面积以及适当增加作为碳汇的林地面积来实现目标.总体而言,该方案是实现减碳排放目标的最优方案。"平衡型"方案中土地利用类型的变化与"技术偏向型"方案相似,也是通过增加碳汇土地面积,降低主要碳源的建设用地面积实现减碳目标。在该方案中主要考虑了经济发展能源强度和低碳排放三种因素的作用,其优化结果较差于"技术偏向型"方案。

三、结　论

(1) 在 2000—2015 年期间,随着上海市土地开发强度的增加造成碳汇作用的草地、林地和碳源作用的建设用地面积增加,从而导致碳排放(吸收)量均呈现逐年增长趋势;与此同时,上海市耕地面积逐年减少,使得碳源作用的耕地碳排放量呈现逐年递减趋势。而上海市土地利用净碳排放量也呈现出逐年增长趋势,从 2000 年的 1 819.68 万吨增长到 2015 年的 2 122.97 万吨,总体净碳排放量增长 303.29 万吨,涨幅为 16.67％,年均增长率为 1.04％。可以看出,这个期间上海市碳排放主要来源于居民生活及工矿用地对能源消耗所产生的碳排放,碳吸收主要依靠林地,林地碳吸收作用明显,这与上海市"低碳经济发展战略"中的增加林地面积政策密切相关。

(2) 基于 ARIMA 模型对上海市 2016—2020 年的土地利用碳排放(吸收)量进行预测可知,2016—2020 年上海市总碳吸收量年均增长率为 0.73％,总碳排放量年均增长率为 0.18％,净碳排放量年均增长率为 0.73％,而过去 16 年间净碳排放量年均增长率为 0.05％,表明上海市的土地利用类型已经基本进入一个平稳的状态,而为了更好地节能减排发展低碳经济,需要更合理的土地利用类型结构系统。

(3) 通过构建投入产出多目标优化模型,利用 NSGA-Ⅱ遗传算法对土地利用的碳排放进行模拟,设计了经济偏向型、技术偏向型、低碳偏向型和平衡型等四种土地利用碳排放优化方案。通过对四种方案优化后的上海市各类土地利用类型下的净碳排放量进行分析发现,除经济偏向型外,其余方案均满足降低碳排放量的要求。但从节能减排角度来看,"技术偏向型"和"低碳偏向型"方案最优,"经济偏向型"方案最弱,与 2015 年相比分别使净碳排放量下降15.09％、15.18％、−1.41％;而从土地利用方式调整的碳排放效应来看,"技术偏向型"方案最优,发挥主要碳汇作用的草地和林地面积占比由实际的 3.15％和 14.49％分别提升至 3.33％和 16.51％。因此综合来看,"技术偏向型"土地利用方式调整优化方案最符合上海市低碳经济发展模式的要求,能同时兼顾减少土地利用方式的改变造成碳排放量的增加,并提高能源强度。

参考文献

[1] 程江,杨凯,赵军,等.基于生态服务价值的上海土地利用变化影响评价[J].中国环境科学,2009, 29(1):95—100.

[2] 董捷,员开奇.湖北省土地利用的碳排放总量及其效率[J].水土保持通报,2016, 36(2):337—342.

[3] 方精云,郭兆迪,朴世龙,等.1981—2000 年中国陆地植被碳汇的估算[J].中国科学(D), 2007, 37(6):804—812.

[4] 耿红,王泽民.基于灰色线性规划的土地利用结构优化研究[J].武汉测绘科技大学学报,2000, 25(2):167—171.

[5] 何勇.中国气候、陆地生态系统碳循环研究[M].北京:气象出版社,2006.

[6] 李颖,黄贤金,甄峰. 江苏省区域不同土地利用方式的碳排放效应分析[J].农业工程学报,2008, 24(2):102—108.

[7] 柳梅英,包安明,陈曦,等.近 30 年玛纳斯河流域土地利用/覆被变化对植被碳储量的影响[J].自然资源学报,2010, 25(6):926—938.

[8] 牛鸿蕾,江可申.产业结构调整的低碳效应测度——基于 NSGA-II 遗传算法[J].产业经济研究,2012(1):62—69.

[9] 牛鸿蕾,江可申.中国产业结构调整碳排放效应的多目标遗传算法[J].系统管理学报,2013, 22(4):560—566.

[10] 曲福田,卢娜.土地利用变化对碳排放的影响[J].中国人口·资源与环境,2011, 21(10):76—85.

[11] 屈宇宏.城市土地利用碳通量测算、碳效应分析及调控机制研究——以武汉市为例[D].武汉:华中农业大学,2015.

[12] 上海市统计局.上海能源统计年鉴 2016[M].上海,2017.

[13] 上海市统计局.上海市国民经济和社会发展统计公报 2001—2016[EB/OL].[2017-02-29]:http://www.stats-sh.gov.cn/sjfb/201702/293816.html.

[14] 上海市统计局.上海统计年鉴 2016[M].:北京:中国统计出版社,2017.

[15] 汤洁,毛子龙,韩维峥,等.土地利用/覆被变化对土地生态系统有机碳库的影响——以吉林省通榆县为例[J].生态环境,2008, 17(5):2008—2013.

[16] 韦严.基于碳排放视角的区域土地利用结构变化研究——以广西北部经济湾为例[D].广西师范学院,2011.

[17] 徐国泉,刘则渊,姜照华.中国碳排放的因素分解模型及实证分析:1995—2004[J].中国人口·资源与环境,2006, 16(6):158—161.

[18] 徐昔保.基于 GIS 与元胞自动机的城市土地利用动态演化模拟和优化研究——以兰州市为例[D].兰州:兰州大学,2007.

[19] 徐小明,杜自强,张红,等.晋北地区 1986~2010 年土地利用/覆被变化的驱动力[J].中国环境科学,2016, 36(7):2154—2161.

[20] 余德贵,吴群.基于碳排放约束的土地利用结构优化模型研究及其应用[J].长江流域资源与环境,2011, 20(8):911—917.

[21] 赵荣钦,黄贤金.基于能源消费的江苏省土地利用碳排放与碳足迹[J].地理研究,2010, 29(9):1639—1649.

[22] 诸逸飞,占小林,唐云松.低碳经济怎样影响土地管理[J].中国土地,2010(6):43—44.

[23] Box G. E. P., Jenkins G. M., Reinsel G. C. Time Series Analysis:Forecasting and Control[J]. Oakland, California, Holden-Day, 1976, 14(2):199—201.

[24] Cai Z.C., Kang G.D., Tsuruta H., et al. Estimate of CH_4 Emissions

from Year-round Flooded Rice Fields during Rice Growing Season in China[J].
Pedosphere, 2005, 15(1):66—71.

[25] Cai Z.C., Kang G., Tsuruta H., et al. Estimate of CH_4 Emissions from
Year-round Flooded Rice Field during Rice Growing Season in China [J].
Pedosphere, 2005, 15(1):66—71.

[26] Calanca P., Vuichard N., Campbell C., et al. Simulating the Fluxes
of CO_2 and N_2O in European Grasslands with the Pasture Simulation Model
(PaSim) [J]. Agriculture Ecosystems & Environment, 2007, 121 (1—2):
164—174.

[27] Choi S.D., Chang Y.S., Park B.K. Increase in Carbon Emissions
from Forest Fires after Intensive Reforestation and Forest Management Pro-
grams[J]. Science of the Total Environment, 2006, 372(1):225—235.

[28] Deb K., Agrawal S., Pratap A., et al. A Fast Elitist Non-dominated
Sorting Genetic Algorithm for Multi-objective Optimization: NSGA-II[J]. Lec-
ture Notes in Computer Science, 2000, 1917:849—858.

[29] Deng X.Z., Han J.Z., Zhan J.Y., et al. Management Strategies and
Their Evaluation for Carbon Segues Traction in Cropland[J]. Agricultural Sci-
ence & Technology, 2009, 10(5):134—139.

[30] Dhakal S. Urban Energy Use and Greenhouse Gas Emissions in
Asian Mega-cities[M]. Kitakyushu: Institute for Global Environmental Strate-
gies, 2004:43—61.

[31] Dokmeci V. Multi-objective Model for Regional Planning of Health
Facilities[J]. Environment and Plang, 1974, 11(5):517—525.

[32] Guo J., Zhou C. Greenhouse Gas Emissions and Mitigation Measures
in Chinese Agroecosystems[J]. Agricultural & Forest Meteorology, 2007, 142
(2—4):270—277.

[33] Guo R., Cao X., Yang X., et al. The Strategy of Energy-related Car-
bon Emission Reduction in Shanghai [J]. Energy Policy, 2010, 38 (1):
633—638.

[34] Houghton R.A. Tropical Deforestation and Atmospheric Carbon Di-
oxide[J]. Climate Change, 1991, 19:99—118.

〔35〕Howden S.M., O'Leary G.J. Evaluating Options to Reduce Greenhouse Gas Emissions from an Australian Temperate Wheat Cropping System [J]. Environmental Modelling & Software, 1997, 12(2—3):169—176.

〔36〕Hutyra L.R., Yoon B., Hepinstall-Cymerman J., et al. Carbon Consequences of Land Cover Change and Expansion of Urban Lands: A Case Study in the Seattle Metropolitan Region[J]. Landscape and Urban Planning, 2011, 103(1):83—93.

〔37〕IPCC. 2006 IPCC Guidelines for National Greenhouse Gas Inventories: volume II[EB/OL]. Japan: The Institute for Global Environmental Strategies, 2008 [2008-07-20]. http://www.ipcc.ch/ipcc reports Methodology-reports.html.

〔38〕Jones S.K., Rees R.M., Skiba U.M., et al. Greenhouse Gas Emissions from a Managed Grassland[J]. Global & Planetary Change, 2005, 47 (2—4): 201—211.

〔39〕Kiese R., Butterbach-Bahl K. N_2O and CO_2, Emissions from Three Different Tropical Forest Sites in the Wet Tropics of Queensland, Australia[J]. Soil Biology & Biochemistry, 2002, 34(7):975—987.

〔40〕Lal R. Soil Carbon Dynamics in Cropland and Rangeland[J]. Environmental Pollution, 2002, 116(3):353—362.

〔41〕Leite C.C., Costa M.H., Soares-Filho B.S., et al. Historical Land Use Change and Associated Carbon Emissions in Brazil from 1940 to 1995[J]. Global Biogeochemical Cycles, 2012, 26(2):1—13.

〔42〕Leontief W., Ford D. Air Pollution and the Economic Structure: Empirical Results of Input-output Computation. Input-output Techniques[M]. North-Holland: North-Holland Publishing Company, 1972:9—30.

〔43〕Matthews K.B., Buchan K., Sibbald A.R., et al. Combining Deliberative and Computer-based Methods for Multi-objective Land-use Planning[J]. Agricultural System, 2006, 87:18—37.

〔44〕Svirejeva-Hopkins A., Schellnhuber H.J. Urban Expansion and its Contribution to the Regional Carbon Emissions: Using the Model Based on the Population Density Distribution [J]. Ecological Modelling, 2008, 216 (2): 208—216.

沿海发达地区农户宅基地有偿使用意愿及其影响因素分析

——基于南海345户样本的调查

洪　凯　邓清文

[摘要]　本文研究目的:探寻沿海发达地区农户有偿使用宅基地意愿及其影响因素,以期为政府完善宅基地有偿使用政策提供建议。研究方法:通过问卷调查收集数据,以感知价值理论为基础构建变量体系,采用二元 Logit 回归模型对佛山市南海区 345 个受访农户有偿使用宅基地的意愿进行分析。研究结果:农户更偏好于一次性有偿使用宅基地,每年缴费使用宅基地意愿较低。两种有偿使用宅基地意愿的影响因素存在差异。在感知价值方面,退出宅基地后无房可住对两种有偿使用意愿均有影响,而宅基地住房养老作用、所在地段升值潜力仅对一次性有偿使用意愿有正向影响。在感知成本方面,使用费对家庭收入的影响以及有偿退宅后家庭生活水平的变化同样对两种有偿使用意愿产生负向影响,但是否有多块宅基地和对收费标准评价仅影响一次性有偿使用意愿。研究结论:宅基地有偿使用政策应与有偿退出政策相配合,不同区位条件的农

[作者简介]洪凯,暨南大学公共管理学院副教授。邓清文,暨南大学公共管理学院研究生。

村双有偿政策实施侧重点应有所区分。探索宅基地闲置费、农村不动产税等多元经济手段治理经济发达地区的宅基地利用问题。

[**关键词**] 土地管理；宅基地有偿使用；影响因素；感知价值；经济发达地区；佛山市南海区

[**中图分类号**] F301.2 [**文献标识码**] A

一、引　　言

中国农村宅基地制度在保障农民户有所居和维护农村社会稳定发挥了重要作用，但是现行宅基地制度并不利于新型城镇化发展。新型城镇化要求城乡统筹发展，实现土地城镇化和农民市民化的共同推进。一方面，土地城镇化要求城乡用地结构合理。然而我国土地利用结构以居住和工业用地为主，自然生态、公共服务、交通等功能不完善。尤其是农村宅基地占建设用地比重过大，表现为面积超标、一户多宅现象普遍，影响了农村户际公平和代际公平。另一方面，农民需要通过宅基地流转、退出补偿获得进城资本真正实现市民化。显然受限制的宅基地流转机制和缺乏有效的退出机制阻碍了农业转移人口市民化进程。自 2014 年宅基地改革以来，不少地区已开展宅基地有偿退出实践，但较少结合有偿使用政策实行。2019 年 8 月审议通过的新《土地管理法》明确坚持一户一宅，保障户有所居。现实中一户多宅已经突破了基本居住保障，但是仍有大量新分户村民无地可用，无法实现住房刚性需求，无偿无限期的用地方式也使得农民难以放弃多占、闲置的宅基地。对此，探索和建立有偿使用的外在约束机制，对于节约集约利用宅基地有重要的现实意义，也有利于促进新型城镇化发展。

目前，学术界有关宅基地有偿使用的研究主要涉及以下内容：一是政策的价值分析，从宏观政策角度出发阐述实行有偿使用政策的现实依据[1—2]、法理基础[3—4]和重要意义[5—6]。二是政策的具体设计,涵盖收费对象[7—8]、收费标准[9]和资金管理[10]等内容。三是政策态度分析,从农户微观视角出发分析宅基地相关行为意愿及行为决策。学者们关注代际分化、兼业程度、产权认知等农民内部分化[11—13]以及经济发展水平、区位条件等区位差异[14]对农户有偿退宅意愿的影响,但是目前只有吴欣对农户有偿使用宅基地意愿进行研究。[15]四是政策的绩效评价,对试点地区宅基地有偿使用和有偿退出政策效果进行评价和反思。[16—17]

既有研究多为理论研究,对于农民的政策态度、行为决策的实证研究比较薄弱。然而公共政策能否有效执行相当程度上取决于政策适用主体的态度和意愿,因此对农民有偿使用意愿的研究具有现实意义。此外,仅有的有偿使用意愿研究是基于湖北传统农业区开展的,现有研究对不同类型地区在经济发展水平、产业结构、人口集聚水平、对外开放程度、政府治理能力、土地制度改革的完善程度等方面的差异性和多样性考虑不足,无法充分反映其他类型地区农户有偿使用的意愿。佛山市南海区是改革先行地,其农村土地制度改革向来备受学术界关注,如农村集体土地股份制[18]、农村集体土地入市[19]等。此次南海在宅基地领域有所突破,试点有偿使用政策。鉴于此,本文基于南海区实地调查,从感知价值角度构建变量体系,定量分析农户有偿使用宅基地的意愿,以期为政府完善宅基地有偿使用机制提供参考,并进一步丰富有偿使用实证研究成果。

二、理 论 分 析

感知价值理论最早是由泽瑟摩尔(Zeithaml)在 1988 年提出并应用于顾客购买意愿和行为分析上。其将顾客感知价值(customer perceived value,CPV)定义为顾客对某种产品或服务的利得和成本进行的主观衡量和评价。[20]感知价值是行为个体通过比较利益和成本所形成的主观评价。其中感知利益包括产品收益、情感满足等,感知成本则包括经济损失及机会成本等。[21]个体的行为意愿与感知价值大小显著正相关,如果个体感知到的收益越多,成本越少,那么行为趋向越明显。农户在进行有偿使用宅基地决策时,本质上还是遵循成本—收益原则,以追求自身收益最大化为目标。[22]依据该理论,农户是否选择有偿使用(本文特指有偿保有)宅基地,主要取决于其对保有宅基地的感知利益和感知成本的比较和衡量。如果继续使用宅基地的收益要大于保有宅基地的成本,则农民可能即使交钱也愿意继续使用宅基地;反之,他们会选择退出宅基地领取补偿。

(一) 感知利益

有偿使用宅基地的感知利益来源于宅基地的多种功能。首先是宅基地的居住功能。在房价高企的大环境下,拥有宅基地的农民不仅能实现基本的居住保障,还能建造单家独户的房屋,住房成本也要比购买商品房低。因此,如果农户视宅基地为重要的居住保障,认为一旦退出宅基地后将会无房可住,那么他就越不愿意退出宅基地,即使需要缴纳宅基地超标使用费也愿意继续保有。其次是宅基地的养老保障。目前我国社会保障体系尚待完善,农村社会保障水平较低。一方面,对于仅拥有农村自建房的农民可以以房养老。尤其是对于区位条件优越的农村,房屋出租和宅基地隐性流转现象普遍,租金收入为农民养老提供了重要的资金来源。另一方面,宅基地可以为外出务工农民提供进城失败的退路。[23]保有宅基地使用权能够保证农民返乡从事农业生产时住有所居。这意味着农户对宅基地住房养老作用重视程度越高,他有偿使用宅基地的意愿越高。最后是宅基地的财产功能。随着城镇化进程加快,越来越多的农村被纳入城镇规划范围内,农村土地由于区位条件的改变和用途的转变产生了可观的增值收益。一方面,农民通过出售、出租宅基地和合作建小产权房等方式取得土地增值收益,增加了财产性收入;另一方面,农民逐渐意识到宅基地及地上房屋资产增值功能的重要性。为了寻求个人利益最大化,他们即使闲置也不会轻易退出宅基地,甚至抢占多占土地,以便日后征地拆迁、旧村改造时增加谈判的筹码。因此,当农户认为本村征地拆迁可能性越大,对农村土地升值潜力预期越大时,他们可能愿意有偿使用以获取土地发展收益。

(二) 感知成本

作为理性经济人的农户在做出决策前,会依据自身所拥有的宅基地资源判断保有宅基地使用权需要付出多大成本。有偿使用宅基地的感知成本包括直接成本和机会成本。直接成本是指有偿使用费。目前试点地区都是依据当地情况确定起征面积,对超出合法标准的面积分地区分梯度收取有偿使用费。如果农户认为有偿使用费收费标准高,对自家收入带来较大影响,那么他可能迫于经济压力,宁愿退出多占、闲置的宅基地领取补偿也不愿意继续保有宅基地。而机会成本主要是指农户不愿意缴费继续使用宅基地,选择退出宅基地的预期。本文设定为退出宅基地后家庭生活水平的变化,如果农户预期有偿退出宅基地会使得家庭生活水平变差,放弃保有宅基地的机会成本高,那么他们更倾向于有偿使用宅基地。

(三) 个人情感态度

感知价值理论还涉及心理学的内容,同时其理论基础是行为经济学,学科的综合性体现了人的行为决策除了考虑经济收益最大化还会受到个人认知、情绪等心理因素影响。关于宅基地退出意愿的既有研究表明农民对当前生活环境、农村基础设施的评价会影响其行为决策。[24—26]因此,本文也将农户对农村居住环境、基础设施的主观评价纳入考虑范围内。

三、数据来源与样本特征

(一) 政策改进

为了理顺宅基地历史遗留问题,2018 年佛山市南海区政府开始探索宅基地有偿使用,对符合一户一宅条件,2018 年 2 月 26 日以前未批先建、批少用多的宅基地实行有偿使用。但是该政策暂时回避了一户多宅、已建成建筑超高超占问题。因此,本文在设计问卷时从以下两个方面对现行政策进行了改良,(1)扩大收费对象范围,包括一户一宅但宅基地面积超 80 平方米、一户多宅、地上建筑超建、超高层这 3 种农户;(2)设计了面向 3 种收费对象的一次性缴费和每年缴费的收费标准(由于篇幅有限,不展示计算过程)。有利于为后续问卷调查提供更多的受访对象,让不同类型的受访农户更直观地衡量有偿使用成本。

(二) 研究区概况

本文以佛山市南海区作为调研地的理由是:第一,与传统农区不同,南海区是典型的沿海发达地区,外来人口多,农村是人口流入地,人地矛盾更为突出;地方政府财力雄厚,治理能力较强。第二,南海属于国家宅基地改革试点地区之一,也是广东省唯一试点地区,具有代表性。第三,南海在农村土地制度改革领域处于全国领先地位,对其土地政策进行研究具有先导性意义。

佛山市南海区位于珠江三角洲中部,粤港澳大湾区腹地,区位条件优越。该区辖一街六镇,土地总面积为 1 073.82 平方千米。2018 年年末常住人口 290.50 万人,外来人口占比为 50.88%。南海区综合实力和区域竞争力强劲,自 2014 年起已连续 5 年位居全国中小城市综合实力百强区第二名,所辖的 6 个镇均进入了 2018 年全国综合实力千强镇的前 100 名。2018 年 GDP 达 2 809 亿元,人均 GDP 为 96 698.5 元,达到中等发达国家水平。城镇居民和农村常住居民人均可支配收入分别为 50 753 元和 33 491 元,城乡居民收入水平高。该区三次产业比重为 1.6:55.0:43.4,二、三产业比重高,工业经济发达。土地二调结果显示南海区宅基地总面积已超过 17 万亩(113.3 平方千米),接近全区建设用地面积的 22%,全区土地面积的 10%。户均宅基地为 2.3 宗,户均和人均宅基地面积分别为 241 平方米、65 平方米。[27] 农村住宅建设用地比重过大,一户多宅、面积超标现象普遍。

（三）数据来源及样本特征

本研究共分两个阶段进行调查，第一阶段于 2019 年 5 月进行预调查，第二阶段于 2019 年 6 月至 8 月正式开始调研。调查区域覆盖南海区各个镇街，依据经济水平和区位条件共选取了 25 个村庄。采取偶遇抽样方式对农户进行问卷调查，受访者均为一户多宅和一户一宅但超面积使用宅基地的农户。共发放 380 份问卷，回收 380 份，有效问卷为 345 份，问卷总体有效率为 90.79%。为了确保样本能够反映总体特征的真实度，运用 SPSS 对问卷进行可靠性分析，结果显示克隆巴赫系数 $\alpha=0.703$，信度系数大于 0.7，说明问卷信度较好。

受访农户基本情况如表 1 所示。345 个受访农户大部分为男性，年龄在 30 岁至 55 岁之间，平均年龄为 48 岁，以作为家庭决策

表 1 样本农户基本情况（N＝345）

变　　量	选项	频数（人）	比重（%）
性　　别	女	121	35.1
	男	224	64.9
年　　龄	30 岁以下	12	3.5
	30—55 岁	260	75.4
	55 岁以上	73	21.2
文化程度	初中及以下	230	66.7
	初中以上	115	33.3
务农与否	务农	110	31.9
	非务农	235	68.1
家庭年收入	1 万元及以下	2	0.6
	10 001—25 000 元	7	2.0
	25 001—50 000 元	96	27.8
	50 001—100 000 元	117	33.9
	10 万元及以上	123	35.7
年龄（未分组）	均值	极小值	极大值
	48.1	25	81

主体的中青年农民为主。文化程度初中及以下的居多,大部分农户职业以非农为主。农户家庭年收入集中于 5 万元至 10 万元(33.9%)和 10 万元以上(35.7%)两个区间,整体上家庭年收入较高。实际上,南海区绝大部分农民已经不是传统意义上的农民,虽然拥有农村户籍,但是其大部分人已不再从事农业生产。

四、变量设定与模型选择

(一)变量设定

本文以农户是否愿意有偿使用宅基地作为因变量,依照收费期限不同区分为一次性有偿使用(Y_1)和每年有偿使用(Y_2)两个变量,变量赋值均为 0=不愿意,1=愿意。通过问卷题目"当你面临有偿使用宅基地和有偿退出宅基地两种抉择时,政府一次性收取有偿使用费,你愿不愿意交钱继续使用宅基地"和"当你面临有偿使用宅基地和有偿退出宅基地两种抉择时,政府每年收取有偿使用费,你愿不愿意交钱继续使用宅基地"来了解受访者的行为意愿。

依据前面的理论分析,本文从有偿使用宅基地感知利益和感知成本两方面选取变量。此外,农户也会依据自身所拥有的宅基地和住房资源来考虑是否继续保有宅基地。参考以往研究,不少学者都将农户个人特征作为控制变量进行分析。[28—29]本文设置两类控制变量。第一类控制变量为农户个人特征和家庭情况,包括农户的年龄、性别、受教育程度、务农与否、家庭年收入。第二类控制变量是反映区位差异的村庄类型。具体变量的定义见表 2。

表 2　变量设置及具体说明

维　　度	变　　量	取　　值
因变量(Y)	一次性缴费使用宅基地意愿 Y_1	0=不愿意;1=愿意
	每年缴费使用宅基地意愿 Y_2	0=不愿意;1=愿意

维　度	变　量	取　值
自变量(x) 个人和家庭情况	性别 x_1	0＝女；1＝男
	年龄 x_2	1＝30 岁以下；2＝30—55岁；3＝55 岁以上
	文化程度 x_3	1＝初中及以下；2＝初中以上
	务农与否 x_4	0＝非务农；1＝务农
	家庭年收入 x_5	1＝1 万元及以下；2＝10 001—25 000 元；3＝25 001—50 000 元；4＝50 001—100 000 元；5＝10 万元及以上
宅基地和房屋禀赋	是否拥有多块宅基地 x_6	0＝没有；1＝有
	是否有城镇住房 x_7	0＝没有；1＝有
	宅基地闲置与否 x_8	0＝否；1＝是
有偿使用感知收益	宅基地住房养老作用 x_9	1＝非常不重要；2＝不重要；3＝有一点作用；4＝重要；5＝非常重要
	征地拆迁预期 x_{10}	1＝非常小；2＝较小；3＝一般；4＝较大；5＝非常大
	宅基地所在地段升值潜力 x_{11}	同上
	退出宅基地后无房可住 x_{12}	1＝非常同意；2＝不同意；3＝一般；4＝同意；5＝非常同意
有偿使用感知成本	使用费对家庭收入影响 x_{13}	1＝非常小；2＝较小；3＝一般；4＝较大；5＝非常大
	使用费收费标准评价 x_{14}	1＝偏低；2＝合理；3＝偏高
	有偿退宅后家庭生活水平的变化 x_{15}	1＝变差；2＝没什么变化；3＝变好
外部环境因素	农村居住环境满意度 x_{16}	1＝非常不满意；2＝不满意；3＝一般；4＝满意；5＝非常满意
	农村基础设施评价 x_{17}	同上

（续表）

维　度	变　量	取　值
情感因素	农村城市生活偏好 x_{18}	1＝农村；2＝无所谓；3＝城市
区位差异	村庄类型 x_{19}	1＝城边村；2＝近郊村；3＝远郊村

（二）模型选择

本文构建以下两个模型：模型一为农户是否愿意一次性有偿使用宅基地 $Y_1＝F$（个人和家庭特征变量，宅基地住房禀赋变量，有偿使用感知收益变量，有偿使用感知成本变量，外部环境变量，情感因素变量，区位差异变量）＋随机扰动项。模型二因变量为农户是否愿意每年有偿使用宅基地 Y_2，其余变量与模型一相同。

由于本文所设的因变量是离散选择变量，并不满足一般线性回归约束条件。与 Probit 模型相比，Logit 模型逻辑分布的累积分布函数有解析表达式，计算 Logit 会更加方便，回归系数也更容易解释其经济意义。[30]因此，本文采用 Binary Logistic 回归模型进行分析。以 P 和 1－P 分别表示农户愿意和不愿意有偿使用宅基地的概率。P 与解释变量 X_1，X_2，$\cdots$，X_n 之间的回归模型为：

$$P=\frac{\exp(\beta_0+\beta_1 x_1+\beta_2 x_2+\cdots\beta_n x_n)}{1+\exp(\beta_0+\beta_1 x_1+\beta_2 x_2+\cdots\beta_n x_n)} \tag{1}$$

经过一系列转换后可得

$$\text{Logit}(P_i)=\ln\left(\frac{P_i}{1-P_i}\right)=\beta_0+\sum_{i=1}^{n}\beta_i x_i+\varepsilon_i \tag{2}$$

式中，x_i 表示影响农户有偿使用宅基地意愿的因素，β_0 为常数项，n 是解释变量的个数。

五、实证结果与分析

(一) 模型检验

本文运用 Stata12.0 软件首先对各个变量进行多重共线性和异方差检验。模型一和模型二所有变量中最大的方差膨胀因子 VIF 值为 2.99＜10,可认为不存在多重共线性。模型一怀特检验结果 P 值(Prob＞chi2)等于 0.008 0,小于 0.05,模型二怀特检验结果 P 值(Prob＞chi2)等于 0.024 3,同样小于 0.05,说明了两个模型均存在异方差,需要用稳健性标准误来处理异方差。然后再进行 Logit 回归,通过 Hosmer and Lemeshow(H-L)检验对回归模型的整体适配度进行检验。其中,模型一 H-L 检验值 sig＝0.878＞0.05,模型二 H-L 检验值 sig＝0.348＞0.05,可以认为这两个回归模型整体拟合度较好。

(二) 有偿使用宅基地意愿描述统计

本文设计了两种缴费方式供农户选择。调研结果发现 345 个受访农户愿意一次性缴纳宅基地使用费的比重为 60%(207 个),而选择每年缴费方式的比重则为 49.3%(170 个),总体上农户更偏好于一次性缴费方式。偏好一次性有偿使用的农户担心政策的不稳定性,认为政府未来可能会上调收费标准,按年缴费收费标准和年限具有不确定性。而对于偏好每年缴费的农户来说,一方面,他们认为一次性缴费收费标准较高,所带来的经济负担较重;另一方面,他们同样也对政策的可持续性表示怀疑,抱着观望的心态先逐年缴费以后再作打算。

(三) Logit 回归结果分析

1. 模型一:农户一次性有偿使用宅基地意愿分析

运用 Stata12.0 进行二元回归分析,由于变量个数较多,采取

"向前:条件"逐步回归策略将变量加入模型中。经过 9 次迭代,模型一总体回归结果见表 3,其中是否拥有多块宅基地、宅基地住房养老作用、宅基地所在地段升值潜力、退出宅基地后无房可住、使用费对家庭收入影响、使用费收费标准评价、有偿退宅后家庭生活水平的变化、农村基础设施评价以及村庄类型共 9 个变量对农户一次性有偿使用宅基地意愿有显著影响。

表 3　农户一次性有偿使用宅基地意愿 Logit 模型回归结果

Y_1	Odds Ratio	Robust S.E.	z	P>|z|	[95% Conf.	Interval]
是否拥有多块宅基地 x_6	0.039	0.033	−3.780	0.000	0.007	0.209
宅基地住房养老作用 x_9	2.403	0.847	2.490	0.013	1.205	4.794
宅基地所在地段升值潜力 x_{11}	2.105	0.638	2.460	0.014	1.163	3.812
退出宅基地后无房可住 x_{12}	2.667	0.628	4.160	0.000	1.680	4.231
使用费对家庭收入影响 x_{13}	0.465	0.143	−2.490	0.013	0.255	0.850
使用费收费标准评价 x_{14}	0.109	0.078	−3.080	0.002	0.026	0.445
有偿退宅后家庭生活水平的变化 x_{15}	0.175	0.060	−5.090	0.000	0.089	0.342
农村基础设施评价 x_{17}	2.653	0.835	3.100	0.002	1.432	4.915
村庄类型 x_{19}	0.239	0.092	−3.740	0.000	0.113	0.506
常量	915.048	3 498.109	1.78	0.074	0.510	1 642 390

(1)来自农户个人及家庭层面的控制变量并不显著。可能是南海农村工业化促进了农民就地非农化,绝大部分农民不从事农业生产,普遍家庭收入较高,具有较强的同质性,所以与因变量没有统计意义上的相关关系。同理,受访农户普遍受教育程度不高,该变量同质性强。此外,沿海发达地区就业机会多,农村人口外流较少,

因此南海区农民在宅基地保有意愿上并没有显著的代际差异。

（2）宅基地及住房资源禀赋。在1%的显著性水平下，是否拥有多块宅基地变量对农户一次性缴费使用宅基地意愿有显著的负向影响。只拥有1块宅基地的农户愿意有偿使用的概率是拥有多块宅基地农户的 25.64（$e^{0.039}$）倍。主要原因是农户拥有的宅基地块数越多，意味着其需缴纳的使用费也越多，经济压力使得该部分农户不再愿意有偿保有多占的宅基地。而一户一宅面积超标的农户，尽管也要缴纳超标使用费，但是为了有房可住，他们也愿意有偿保有宅基地。

（3）感知利益和感知成本变量。

感知利益方面：宅基地住房养老作用变量在0.05的显著性水平下对因变量有显著的正向影响（系数2.490）。在其他条件不变的情况下，农户认为宅基地住房养老作用越重要，那么其一次性缴费保有宅基地的意愿越强。我国农村社会保障水平较低，宅基地在住房养老方面仍然发挥较强的保障作用。接近70%的受访农户都没有购买城镇商品房，对他们来说无限期使用的宅基地保障了其长久的居住安全。宅基地所在地段升值潜力和退出宅基地后无房可住通过了5%的显著性检验，都对农民一次性有偿使用意愿有显著的正向影响。其中，当农户认为自己村土地升值潜力越大，那么他有偿保有宅基地的意愿越强。外来人口流入带来的居住需求以及农村区位的改善使得农民意识到自家宅基地变得越来越"值钱"，出于待价而沽的心理，其倾向于继续保有宅基地以获取土地发展收益。同时，南海区集体经济发达，村民凭借成员身份通过土地股份制分享集体收益，当地农民进城落户积极性低，其更愿意有偿使用而不是退出宅基地。此外，如果农户越认可"自己退出宅基地后会无房可住"的说法，那么即使需要缴纳使用费，农户也愿意继续保有宅基地。60名仅拥有一处自建房的农户中认可和非常认可该说法的人数占比高达90%，这说明了宅基地的居住保障功能对于一户一宅的农民来说尤为重要。

感知成本方面:当有偿使用费对农户家庭收入影响越大,农户越不愿意一次性缴费使用宅基地(系数-2.490 的 P 值=0.013<0.05)。收费标准评价变量与之相似,认为收费标准偏高的农户愿意有偿使用的概率要低于认为收费标准合理的农户。依据超额累进的收费标准,显然宅基地块数以及超占面积越多,那么农户需要缴纳的费用也随之增加,使用费对家庭收入影响就会越大。总体来说,农户对收费标准、使用费对收入影响的评价存在显著差异,有偿使用政策确实促进了部分农户,尤其是一户多宅农户的退宅意愿,对"倒逼"其退出多占、闲置的宅基地起到一定的积极作用。此外,在其他解释变量不变的前提下,与认为有偿退宅后生活水平变好的农户相比,认为生活水平变差的农户选择一次性缴费使用宅基地的概率更高。出于禀赋效应心理,农户认为自家独栋房屋比城镇商品房更好。并且他们认为退出宅基地存在较大风险,风险厌恶心理使得农户认为退宅后生活水平会变差,宁愿有偿保有宅基地。

(4)环境及情感因素。农户对村内基础设施评价作为内部环境因素的代理变量,对有偿使用意愿有显著正向影响。如果农户认为村内基础设施较好,说明其比较满意农村硬件设施,那么他们可能会愿意留在农村生活,选择有偿保有宅基地。村庄类型代表外部环境因素,在1%的显著性水平下,该变量与农户意愿呈显著负相关关系(系数-3.740 的 P 值=0.000)。即远郊村农户相比于城边村、近郊村农户,愿意一次性缴费保留宅基地的概率更低,而城边村农户则更愿意有偿使用宅基地。主要原因是城边村农户一般从事非农工作,家庭年收入较高,对有偿使用费的承受能力更强。此外,退宅就意味着失去房租收入和土地发展权收益,因此他们寸土必争不轻易放弃宅基地。随着与城区距离的增加,近郊村农户不愿意有偿使用宅基地的比重有所上升,部分农户选择不再保留全部或部分宅基地,打算领取退宅补偿来改善居住条件。相反,大部分远郊村农户收入较低,他们普遍对本村征地拆迁或旧村改造抱有消极预期,这些原因都导致了远郊村农户有偿使用意愿较低。

2. 模型二:农户每年有偿使用宅基地意愿分析

经过 7 次迭代,模型二总体回归结果见表 4,农户性别、务农与否、家庭年收入、退出宅基地后无房可住、使用费对家庭收入影响、有偿退宅后家庭生活水平的变化以及农村城市生活偏好共 7 个变量对农户每年缴费使用宅基地意愿均有显著影响。

表 4　农户每年有偿使用宅基地意愿 Logit 模型回归结果

Y_2	Odds Ratio	Robust S.E.	z	P>|z|	[95% Conf.	Interval]
性别 x_1	2.076	0.670	2.270	0.023	1.103	3.906
务农与否 x_4	0.465	0.168	−2.120	0.034	0.228	0.945
家庭年收入 x_5	2.590	0.530	4.650	0.000	1.734	3.868
退出宅基地后无房可住 x_{12}	1.766	0.258	3.880	0.000	1.325	2.352
使用费对家庭收入影响 x_{13}	0.505	0.083	−4.150	0.000	0.365	0.697
有偿退宅后家庭生活水平的变化 x_{15}	0.546	0.096	−3.450	0.001	0.388	0.770
农村城市生活偏好 x_{18}	0.559	0.111	−2.930	0.003	0.379	0.825
常量	1.187	1.553	0.130	0.895	0.091	15.412

(1)农户个人及家庭特征因素。农户性别正向影响农户每年缴费使用宅基地意愿(回归系数 2.270 的 P 值=0.023<0.05)。在模型其他解释变量不变的前提下,男性愿意每年缴费使用宅基地的概率是女性的 2.076 倍。其原因可能是男性农户认为宅基地是家族的象征,有的农村只允许男性成员(男丁)分宅基地和村集体收益,这强化了男性视宅基地为家族财产的观念。务农与否变量通过了 5% 的显著性检验,对因变量产生负向影响。在同等条件下,非务农农户有偿使用的概率是务农农户的 2.15($e^{0.465}$)倍。非务农农户往往收入要高于务农农户,因此其有经济能力每年支付使用费。再者南海区务农农户多来自远郊村,宅基地利用现状以自住和闲置为主。因此,农户认为与其每年被收费,还不如退出闲置的宅基地

领取补偿。家庭年收入与农户每年缴费使用宅基地意愿呈正相关关系。农户家庭年收入越高,农户每年缴费使用意愿越高。相比于一次性收费方式,每年收费方式收费期限更长,长此以往会给农民带来较重的经济负担,因此低收入农户家庭有偿使用意愿较低。

(2)感知利益和感知成本变量。

感知利益方面。退出宅基地后无房可住变量同样是与因变量呈正相关关系(回归系数 P 值=0.000<0.05),农户越认可退出宅基地后会无房可住,那么他们每年缴费使用宅基地的意愿也越高。当下周边房价上涨,农民较难实现购房自住的需求,因此视宅基地为唯一居住保障的农户,即使每年都要缴费也愿意继续保留宅基地。

感知成本方面。使用费对家庭收入的影响以及有偿退出宅基地后生活水平变化两个变量均在 1‰的显著性水平下,与每年有偿使用意愿呈负相关关系。农户认为每年收取的使用费对家庭收入影响越大,其有偿使用意愿越低。考虑到收费年限问题,农户认为每年收费会对家庭收入带来较大的影响,他们要么是不愿意有偿使用,要么就是偏好于一次性缴清使用费。这启示了我们应该科学合理制定有偿使用费收费标准,对于一次性收费和每年收费标准应该有一定的区分度,但又不能给农民带来过重的经济负担。在模型其他变量不变的前提下,与认为有偿退宅后生活水平将会变好的农户相比,预期生活水平会变差的农户选择每年缴费使用宅基地的概率更高。出于禀赋效应、规避风险的心理,农户觉得有偿退宅后生活水平会变差,他们并不愿意退出而是愿意有偿使用宅基地。

(3)环境及情感因素层面。在 1‰的显著性水平下,农村城市生活偏好对因变量产生显著的负向影响(系数-2.930 的 P 值=0.003<0.01)。与喜欢在城市生活的农户相比,偏爱在农村生活的农户有偿使用意愿更高。主要因为偏好居住在城市的农户分别有85‰,69‰的人表示非常不满意和不满意农村的居住环境,该部分农民想要追求更好的居住环境、公共服务和教育资源等,所以他们并不想每年缴费保有宅基地。

六、研究结论与政策建议

（一）研究结论

本文研究结论如下：（1）总体上农户还是倾向于有偿使用宅基地。其中农户更偏好一次性有偿使用，每年缴费使用意愿较低。两种有偿使用宅基地方式的影响因素也存在差异。（2）与传统农业区不同，沿海经济发达地区务农农户反而不愿意有偿使用宅基地，主要是务农农户家庭收入较低，有偿使用承受能力弱；城镇化的推进带来农村土地资产增值，发达地区农户越来越重视宅基地财产功能。同时，南海区集体经济发达，土地股份制使得村民能够共享集体收益，当地农民进城落户积极性低，因此有偿使用宅基地意愿较高。此外，随着村庄与城区距离的增加，农户更愿意退出多占闲置的宅基地获取补偿。（3）宅基地住房养老作用、宅基地所在地段升值潜力、退宅后无房可住、基础设施评价这 4 个变量与农户一次性有偿使用宅基地意愿呈正相关关系；而是否拥有多块宅基地、使用费对家庭收入影响、使用费收费标准评价、有偿退宅后家庭生活水平的变化和村庄类型这 5 个变量则负向影响农民意愿。面对较高的一次性使用费，宅基地数量决定了农户有偿使用成本，从而影响其使用意愿。（4）影响农户每年有偿使用意愿的因素有农户性别、务农与否、家庭年收入、退出宅基地后无房可住、使用费对家庭收入的影响、有偿退宅后家庭生活水平的变化以及农村城市生活偏好共 7 个变量。男性非务农农户，家庭收入越高，每年有偿使用宅基地意愿越高。如果视宅基地为唯一居住保障的农户，即使每年缴费也愿意保有宅基地。

（二）政策建议

基于上述研究结论，本文提出以下建议：（1）有偿使用政策应与有偿退出政策相配合。应该坚持以农民自愿为原则，对面积超标、一户多宅、闲置宅基地等的农户实行有偿退出激励,给予合理补偿。对于不愿意有偿退宅的农户则实现有偿使用,增加其土地保有成本。(2)不同区位条件的农村双有偿政策实施侧重点应有所区分。城边村农户更看重宅基地财产功能,应通过加大其土地保有成本倒逼出宅基地有效供给。或者可将难以理顺的历史遗留宅基地转变用途为集体经营性租赁住房,作为集体经营性建设用地入市。近郊村可实行政策约束和激励相结合。有条件发展乡村旅游、观光农业的近郊农村,可以宅基地入股补偿方式鼓励农民退出闲置、多占的宅基地。而对于远郊村农户,应以政策激励为主引导其退出闲置多占的宅基地。(3)探索多元经济手段治理经济发达地区的宅基地利用问题。可以通过收取闲置费、征税来减少一户多宅、闲置宅基地的现象。建议对农民自建房的保有环节征收不动产税,其中农户首套农村自建房免收税,农民出于为子女预留婚房等目的保有两套自建房,可以享受一定的税收优惠,但是三套及以上农村住宅则需要超额累进收取不动产税。

参考文献

[1] 刘守英,熊雪锋.经济结构变革、村庄转型与宅基地制度变迁——四川省泸县宅基地制度改革案例研究[J].中国农村经济,2018(06):2—20.

[2] 余敬,唐欣瑜.实然与应然之间:我国宅基地使用权制度完善进路——基于12省30个村庄的调研[J].农业经济问题,2018(01):44—52.

[3] 陈小君,蒋省三.宅基地使用权制度:规范解析、实践挑战及其立法回应[J].管理世界,2010(10):1—12.

[4] 陈小君.宅基地使用权的制度困局与破解之维[J].法学研究,2019,41(03):48—72.

[5] 瞿理铜.效率与公平框架下的宅基地管理制度创新[J].农村经济,2015(11):65—68.

[6] 谭峻,李蒴,朱传梅.节地背景下农村宅基地取得制度思考[J].农村经济,2012(04):16—18.

[7] 杨雅婷.我国宅基地有偿使用制度探索与构建[J].南开学报(哲学社会

科学版),2016(04):70—80.

[8] 宋志红.乡村振兴背景下的宅基地权利制度重构[J].法学研究,2019,41(03):73—92.

[9] 周志湘.山东省农村宅基地使用制度改革初探[J].中国土地科学,1991,5(03):10—16+22.

[10] 高波.农村宅基地使用制度改革思考[J].农业现代化研究,1990(06):15—17.

[11] 许恒周,殷红春,石淑芹.代际差异视角下农民工乡城迁移与宅基地退出影响因素分析——基于推拉理论的实证研究[J].中国人口·资源与环境,2013,23(08):75—80.

[12] 邹伟,王子坤,徐博,张兵良.农户分化对农村宅基地退出行为影响研究——基于江苏省1 456个农户的调查[J].中国土地科学,2017,31(05):31—37.

[13] 彭长生.农民宅基地产权认知状况对其宅基地退出意愿的影响——基于安徽省6个县1 413户农户问卷调查的实证分析[J].中国农村观察,2013(01):21—33+90—91.

[14] 夏敏,林庶民,郭贯成.不同经济发展水平地区农民宅基地退出意愿的影响因素——以江苏省7个市为例[J].资源科学,2016,38(04):728—737.

[15] 胡银根,吴欣,王聪,余依云,董文静,徐小峰.农户宅基地有偿退出与有偿使用决策行为影响因素研究——基于传统农区宜城市的实证[J].中国土地科学,2018,32(11):22—29.

[16] 陈红霞.有限市场化宅基地有偿使用机制及其改进——基于四川泸县田坝村的实践思考[J].农村经济,2019(01):104—110.

[17] 李川,李立娜,刘运伟,袁颖.泸县农村宅基地有偿使用制度改革效果评价[J].中国农业资源与区划,2019,40(06):149—155.

[18] 蒋省三,刘守英.土地资本化与农村工业化——广东省佛山市南海经济发展调查[J].管理世界,2003(11):87—97.

[19] 高欣,张安录.农村集体建设用地入市对农户收入的影响——基于广东省佛山市南海区村级层面的实证分析[J].中国土地科学,2018,32(04):44—50.

[20] 张明立,樊华,于秋红.顾客价值的内涵、特征及类型[J].管理科学,

2005(02):71—77.

[21] 杨龙,王永贵.顾客价值及其驱动因素剖析[J].管理世界,2002(06):146—147.

[22] 任立,甘臣林,吴萌,陈银蓉.基于感知价值理论的移民安置区农户土地投入行为研究[J].资源科学,2018,40(08):1539—1549.

[23] 贺雪峰.三项土地制度改革试点中的土地利用问题[J].中南大学学报(社会科学版),2018,24(03):1—9.

[24] 黄琦,王宏志,徐新良.2018.宅基地退出外部环境地域差异实证分析:基于武汉市东西湖区84个样点的分析[J].地理科学进展,37(3):407—417.

[25] 龚宏龄,林铭海.推拉理论视域农民宅基地退出意愿及其影响因素——基于重庆市的调查数据[J].湖南农业大学学报(社会科学版),2019,20(02):24—30.

[26] 杨丽霞,朱从谋,苑韶峰,李胜男.基于供给侧改革的农户宅基地退出意愿及福利变化分析——以浙江省义乌市为例[J].中国土地科学,2018,32(01):35—41.

[27] 佛山南海区宅基地换房"试水"居民今后住公寓——中新网[EB/OL].(2011-08-10)[2019-09-05].http://www.chinanews.com/estate/2011/08-10/3246594.shtml.

[28] 林善浪,叶炜,梁琳.家庭生命周期对农户农地流转意愿的影响研究——基于福建省1 570份调查问卷的实证分析[J].中国土地科学,2018,32(03):68—73.

[29] 舒帮荣,朱寿红,李永乐,陈利洪,镇风华.发达地区农户宅基地置换意愿多水平影响因素研究——来自苏州与常州的实证[J].长江流域资源与环境,2018,27(06):1198—1206.

[30] 陈强.计量经济学及Stata应用[M].北京:高等教育出版社,2014:217—219.

电力消费与贸易监管政策

基于动态面板的电力消费影响因素分析

慈向阳　黄志敏

[摘要]　本文基于动态面板数据模型,结合中国 1985—2012 年省际面板数据,运用系统 GMM 考察了经济增长、产业优化、城市化水平、出口贸易、技术进步与电力消费之间的相关关系和地区差异。研究发现,经济增长、出口贸易增长、前一期电力消费对当期电力消费产生正向影响,产业优化、城市化水平提高和技术进步会减少电力消费,且各项系数存在地区性差异。最后,提出开发清洁能源、加快产业转型、重视城市化质量、优化出口结构、限制回弹效应等建议。

[关键词]　电力消费;影响因素;动态面板;系统 GMM
[中图分类号]　F427　[文献标识码]　A

一、引　言

在能源供需矛盾突出和碳排放压力增大的背景下,电能高效清洁的特性使其比其他能源更具竞争优势,电气化水平的提高又使得电能的生产、输送、消费更加便利,因此电能在终端能源中的比重越

[作者简介]慈向阳,上海电力大学经济与管理学院副教授,硕士生导师,研究方向为能源经济。黄志敏,国网温州供电公司,工程师,研究方向为能源经济。
基金项目:教育部人文社会科学研究规划基金项目(11YJA790018)。

来越高。2013年,我国电力消费量达到53 223亿千瓦时,位居世界第一。而早在2010年我国就成为仅次于美国的全球第二经济大国,但受全球经济低速发展的影响,我国经济发展进入新常态,面临经济增速放缓、增长动力转换、产业结构转型升级。与此同时,电力工业也进入用电量增速换挡期、电力消费结构优化期和电力体制改革攻坚期三期叠加新的关键发展阶段(肖宏伟,2015)。针对能源消耗总量过大、增速过快的现状,习近平总书记在中央财经领导小组会议上强调推动能源生产和消费革命以保障能源安全,政府的宏观调控政策也以"控制能耗总量,提高能源效率,加大节能减排力度"为方针,旨在促使经济增长向低碳环保、节能高效方向转变。各类能源消费量按一定权重加总得到能源消费总量,而我国煤炭和石油的供需量被明显低估(林伯强,2003),可见由电表直接读出的电力消费量比计算得到的能源消费总量更具精确性和可靠性,使用电力消费量更能准确反映能源消费与经济增长之间的内在关系。

国内外学者在能源消费与经济增长领域做了许多研究,研究样本从时间序列数据扩展到面板数据,大量的文献采用了协整和格兰杰因果检验,却得到了不同的结果。研究始于J.卡夫和A.卡夫(J.Kraft and A.Kraft,1978),他们利用美国1947年至1974年的能源消费和GNP数据进行分析,发现只存在着从经济增长到能源消费的单向因果关系。李(Lee,C.C.,2005)利用1975年至2001年18个发展中国家的能源消费和GDP数据,构建面板协整和误差修正模型,结果表明只存在从能源消费到GDP的长短期因果关系。阿斯马和雷拉(Asma and Leila,2014)以地中海发达国家的数据为样本进行研究,得出只存在从能源消费到GDP的单向因果关系的结论。

后来的学者加入GDP以外的其他因素作为控制变量,研究各变量与能源消费之间的关系,以增强实证结果的稳健性。弗里德里希和戴维(Fredrich and David,2008)研究了中国能源消费与出口间的关系,结果表明出口成为推动国内能源消耗的最大因素。马德莱纳(Madlener,2011)研究表明,不同地区不同的城市化机制将导致城市能源需求的大幅增加,并且改变其能源结构。林伯强(2003)基于生产函数,运用协整理论和误差修正模型对 1952—2001 年中国电力消费与经济增长数据进行研究,结果表明,这两个变量具有内生性且相互联系,电力消费是经济增长的格兰杰原因,经济效率提高可节省能源,能源效率提高可促进经济长期可持续发展。林伯强(2011)运用投入产出结构分解法和加权平均值法,将电力消费增量分解为国内需求、技术进步和对外贸易等方面 10 种影响因素的加权平均和,结果表明,国内需求、出口、原料需求、能源需求为正向因素,技术进步、原料替代、进口、结构和出口调整为负向因素。伍亚和张立(2011)运用 1992 年和 2007 年中美两国的投入产出表,结合投入产出结构分解法和加权夏普雷法,研究两国能源消费增长的驱动因素,结果显示,能源消费的正向驱动因素包括国内需求、出口,负向驱动因素有技术进步和进口。原毅军、郭丽丽等(2012)运用随机前沿分析方法对 2000—2010 年省际面板数据进行估算,分析结构调整、技术进步、加强管理对我国长短期能源利用效率的影响。李强、王洪川等(2013)基于 1990 年至 2011 年我国省际面板数据,考虑东西部差异性和趋同性,选择资本和劳动力作为控制变量,对电力消费与经济增长进行因果分析,结果表明,短期内东西部经济增长是电力消费的格兰杰原因,而长期上,东部电力消费是经济增长的单向因果关系,西部存在双向因果。王蕾、魏后凯(2014)运用 1985—2010 年省际数据构建面板固定效应模型,得出城镇化、工业化的发展对能源消费存在正向影响,且中部地区城镇化的影响最大。葛斐等(2015)对局部区域电力消费弹性系数与产业结构进行定性分析,研究发现电力消费弹性系数与产业结构之间具有较强的关联性,第二、第三产业增加值比重提高会导致定基电力消费弹性系数上升,且对第三产业的影响幅度较大。孙祥栋等(2019)分析了区域经济异质视角下电力消费因素。

任何经济因素前一期的结果对后一期都可能有一定的影响,即因素变化本身存在一定的惯性,引入动态模型并采用广义矩估计方法可以消除因遗漏变量及其他解释变量相关而产生的内生性偏误,从而得到系数的一致性估计值。任力、黄崇杰(2011)构建了三个衡量金融发展的指标,运用面板系统广义矩估计对金融发展、经济增长、能源消费进行研究,结果表明金融发展对能源消费的影响存在区域性差异。韩家彬、邸燕茹(2014)构建了静态和动态面板模型,运用系统广义矩估计对金砖四国的国际贸易、FDI与收入差距进行研究,得出金砖国家国际贸易和引进外资的深化会加大收入差距的结论。李文启(2015)运用面板广义矩估计对1985—2011我国省际金融发展、能源消费和经济增长数据进行分析,得出金融发展、能源消费对经济增长的影响存在明显的区域差异的结论。

从现有文献来看,电力消费和经济增长相关性研究大多基于时间序列或静态面板数据,没有考虑变量的内生性问题;而动态面板主要运用于金融发展、对外贸易等研究领域,涉及电力消费的很少。此外,电力消费还受到经济增长以外其他因素的影响,因此本文以电力消费为因变量,以GDP、产业优化、城市化水平、出口贸易、技术进步等因素为解释变量,构建电力消费影响因素动态面板模型,考察我国电力消费的主要影响因素,对电力消费的研究提供了新的研究视角,构建一个新的一般均衡分析框架。

本文余下部分结构安排如下:第二部分设定了本文所用的数据模型、样本及数据来源;第三部分是基于前述理论的实证检验及结果分析;第四部分对全文进行概括并提出相关建议。

二、模型设定与变量选取

(一)静态面板数据模型设定

C-D生产函数由美国数学家柯布和经济学家道格拉斯共同研究提出,主要描述了生产过程中投入产出间的数量关系和内在联系,常用于分析经济增长的影响因素,其扩展形式为:

$$Q = AX_1^{\beta_1} X_2^{\beta_2} \cdots X_n^{\beta_n} \tag{1}$$

Q 表示总产出，A 表示常数项，X_1，X_2，$\cdots$，X_n 表示生产要素的投入量，β_1，β_2，$\cdots$，β_n 表示各生产要素对总产出的弹性系数。

基于上述扩展形式，本文考虑 GDP、产业优化、城市化水平、出口贸易、技术进步对电力消费的影响，对方程两边取对数以消除异方差，设定静态面板数据模型如下：

$$\ln e_{it} = \beta_1 \ln g_{it} + \beta_2 \ln s_{it} + \beta_3 \ln u_{it} + \beta_4 \ln f_{it} + \beta_5 \ln p_{it} + \mu_i + \varepsilon_{it} \tag{2}$$

其中，i 表示个体数，t 表示观测时期数，$\ln e_{it}$、$\ln g_{it}$、$\ln s_{it}$、$\ln u_{it}$、$\ln f_{it}$、$\ln p_{it}$ 分别表示第 i 个省份在第 t 年的电力消费、经济增长、产业优化、城市化水平、出口贸易、技术进步变量的自然对数，$\beta_i (i=1—5)$ 代表各解释变量的估计系数，μ_i 表示非观测个体固定效应，ε_{it} 为随机误差项。

(二) 动态面板数据模型设定

由于因变量在变化过程中会受到自身惯性的影响，滞后一期的因变量会对当期因变量产生一定影响。在其他影响因素不变的情况下，本文考虑本期电力消费量受到前一期的影响，因为电力消费包括农业、工业和居民用电，工业用电与工业企业的生产资本投入和技术更新相关，生产资本投入和技术更新具有一定的滞后性，使得当期工业用电量受到前一期的影响；农业和居民用电的消费习惯具有一定的惯性，前一期用电量会影响当期用电量；影响电力消费的其他宏观因素，如产业结构、城市化水平、出口贸易、技术进步等，其发展变化也是长期调整过程。因此加入因变量的一阶滞后项，将公式(1)扩展为动态面板模型如下：

$$\ln e_{it} = \alpha \ln e_{i,t-1} + \beta_1 \ln g_{it} + \beta_2 \ln s_{it} + \beta_3 \ln u_{it}$$
$$+ \beta_4 \ln f_{it} + \beta_5 \ln p_{it} + \mu_i + \varepsilon_{it} \tag{3}$$

模型中，$\ln e_{i,t-1}$ 表示第 i 个省份在第 $t-1$ 年的电力消费，系数 α 表示前一期电力消费对当期电力消费的影响程度，α 为正时说明前一期电力消费增加会引起当期消费增加，α 为负时说明前一期电力消费增加会引起当期消费减少。

上述动态面板模型引入因变量的一阶滞后项 $\ln e_{i,t-1}$ 作为解释变量，可全面反映上一期电力消费的影响，$\ln e_{i,t-1}$ 与误差项中都含有 μ_i，会引起内生性问题，此时运用固定效应或随机效应方法进行参数估计会产生有偏性和非一致性。工具变量法可以在一定程度上解决内生性问题，但其估计结果的有效性取决于工具变量的选择，所选的工具变量既要与内生解释变量相关，又要与扰动项不相关，因此寻找合适的工具变量是极其困难的。而广义矩估计（GMM）在处理动态面板变量的内生性、异方差、自相关、个体效应等方面较工具变量法具有很大优势，根据矩条件的不同可分为差分广义矩估计和系统广义矩估计，差分 GMM 先对方程进行一阶差分，再用水平变量的滞后项作为差分方程中相应内生变量的工具变量，由于模型的遗漏变量大多是随时间变化较小的如消费习惯、禀赋差异等，取差分后，不随时间变化的个体非观测效应得以消除，既能解决部分遗漏变量问题，又能消除反向因果关系的影响。系统 GMM 则是结合水平方程和差分方程，滞后差分变量作为水平变量的工具变量，以此构造完备的矩条件，系统 GMM 比差分 GMM 具有更好的有限样本性质，克服了小样本情况下差分 GMM 存在的弱工具变量问题，减少估计量的偏误，提高参数估计的有效性和一致性。系统 GMM 包括一步系统 GMM 和两步系统 GMM，两步估计的标准协方差有助于处理异方差和自相关问题，但其标准差存在向下偏倚，易引起近似渐进分布偏差，因此实证中通常采用一步系统 GMM 估计。为检验系统 GMM 估计结果的稳定性，要从残差项有无自相关和工具变量是否可靠这两方面考虑，首先进行的是 Arellano-Bond（简称 A-B）的自相关检验，对一阶差分方程的随机误差项是否存在序列自相关进行检验，AR(1)、AR(2)检验的原假设为不存在序列相关,系统 GMM 允许残差项存在一阶序列相关,但不允许存在二阶序列相关;再进行过度识别约束检验考察所选工具变量的有效性,即 Sargan 或 Hansen 检验,原假设为工具变量有效。Sargan 统计量基于同方差假设,当异方差存在时会产生过度拒绝问题;Hansen 统计量则能自动处理异方差,但在工具变量很多时检验力削弱。本文采用的面板数据截面较大,易产生异方差,且所使用的工具变量数量有限,因此选用 Hansen 统计量来检验工具变量是否有效。

(三) 变量选取

被解释变量:电力消费水平 e_{it},为避免人口总量变化带来的非客观影响,用全社会人均用电量表示,单位为千瓦时/人。

解释变量:

经济增长水平 g_{it},经济增长是促进电力消费增长的主要动力,两者之间存在很强的相关关系,每一单位 GDP 的增加都意味着更多的电力消费,而 GDP 是衡量一个国家或地区经济增长水平最常用的指标,为与被解释变量保持一致,用人均 GDP 表示经济增长水平,并将其折算至 2000 年为基期的不变价格,单位为元/人。

产业优化 s_{it},产业结构是指各产业的构成及之间的比例关系,长期以来,我国经济结构以第二产业为主体,这一定程度上决定了我国工业的电力消费比重较大,随着产业结构不断优化升级,主要表现为高耗能、高污染的低生产率产业向低耗能、高产出的高生产率产业转变,在以农业为主的第一产业占比基本稳定的前提下,低电耗的第三产业比重逐渐增大,高电耗的第二产业比重相对减小,从而对用电量产生影响,因此产业优化用第三产业与第二产业的比值表示,单位为%。

城市化水平 u_{it},随着城市化进程的推进,不断完善的基础设施和大规模的交通运输都需要大量的电力支撑,同时城镇居民相对农村居民而言,更多地使用电力代替木材作为能源的使用形式,但是当城市化达到某个阶段后,合理的规划和分工会带来规模经济,对电力消费产生影响,城市化的主要表现是农村人口向城镇人口转变,同时结合现有文献,用城镇人口占总人口的比值表示城市化水平,单位为%。

出口贸易 f_{it},出口是拉动我国经济增长的三驾马车之一,我国技术创新相对落后,出口产品中初级加工产品占比较大,生产过程中往往需要消耗大量电力,因此出口贸易增长带动了国内电力消费的增长,用出口额来表示出口贸易,出口额用当年人民币对美元的年均汇率进行转换,然后利用各地区的居民消费价格指数计算出平减数据。

技术进步 p_{it},专利是能够有效转化为生产率的创新产出,比研发投入更能代表生产率、代表现有的知识存量、自主创新能力和科学技术水平,因此用专利授权数表示技术进步。

(四) 数据来源

鉴于数据的可得性,本文以我国 29 个省区市(重庆并入四川,不考虑西藏和港澳台地区)1985—2012 年的面板数据为样本,数据来自各省统计年鉴(1986—2013 年)、中经网数据库等。本文对数据进行平滑处理以解决个别年份数据缺失问题,并将人均 GDP 和出口额名义值平减至以 2000 年为基期的实际值。本文主要采用 Stata13 软件进行实证检验。

三、实证结果与分析

(一) 全国样本分析

分别运用静态面板的固定效应估计、随机效应估计对模型(2)进行检验,运用混合回归估计、固定效应估计和一步系统 GMM 对模型(3)进行检验,同时,选取各解释变量的滞后一期替代当期项,再次对模型(2)进行固定效应和随机效应估计,用于验证方程的稳健性,结果列于表 1。其中,A 表示模型(2),B 表示模型(3),C 表示的模型与 A 相似,其中自变量的当期项用一阶滞后项替代。

表 1　全国数据估计结果

解释变量	A		B		C	
	固定效应	随机效应	混合回归	固定效应	系统 GMM	固定效应
$\ln e_{i,\,t-1}$	—	—	0.975 308 4***	0.909 361 7***	0.939 975***	—
$\ln g_{it}$	0.712 795 3***	0.714 861 4***	0.061 367 1***	0.098 735 5***	0.092 170 4***	0.741 827 9***
$\ln s_{it}$	−0.376 987 6***	−0.370 476 8***	−0.016 381 4	−0.065 108 6***	−0.060 033 3***	−0.365 791 5***
$\ln u_{it}$	0.127 765 9***	0.135 003 5***	−0.035 806***	0.003 619 3	−0.018 002 8*	0.113 530 5***
$\ln f_{it}$	0.110 024 9***	0.102 543 5***	0.000 889 1	0.025 191 6***	0.015 020 1*	0.102 020 3***
$\ln p_{it}$	0.042 094 8***	0.041 322 2***	−0.016 613 9***	−0.013 756 5***	−0.019 538 6***	0.036 540 5***
常数项	1.428 724***	1.377 071***	0.029 246 2	0.163 036***	0.124 039 3*	1.313 413***
AR(1)					0.016 0	
AR(2)					0.147 0	
Hansen test					1.000	
样本量	812	812	783	783	783	783

注：***，**，* 分别表示在 1%，5%，10%的水平上显著。

从 B 列可以看出,Hansen 检验的 p 值为 1.000,原假设成立,即工具变量的选取是有效的。检验结果显示,AR(1)＝0.016 0,AR(2)＝0.147 0,即残差项存在一阶自相关而不存在二阶自相关。两个检验结果表明系统 GMM 的估计结果是稳定的。由于非观测个体固定效应的存在,混合回归估计得到的因变量滞后一阶项系数会产生向上偏误,面板固定效应的估计系数会产生向下偏误,因变量滞后项系数的一致估计量将介于混合回归和固定效应之间,结果显示系统 GMM 估计中因变量滞后一阶项 $\ln e_{i, t-1}$ 的系数(0.939 975)正好介于混合回归估计系数(0.975 308 4)和固定效应估计系数(0.909 361 7)之间,进一步证实了系统 GMM 的估计结果的稳健性。

电力消费滞后一阶项系数为 0.939 975,这表明若前一期的电力消费增长 1％,当期的电力消费会增长 0.94％左右,受上一期的影响较大,说明用动态面板模型替代静态面板模型更加符合实际情况。

经济增长对电力消费有正向影响,并且在 1％水平上显著,系数为 0.092 170 4,表明人均 GDP 每增加 1％,人均电力消费将增加 0.092％左右。

产业优化对电力消费有负向影响,三产二产比值每增加 1％,电力消费减少 0.06％。因为本文采用三产产值与二产产值之比表示产业优化,所以当单位产值低电耗的第三产业比重上升或单位产值高电耗的第二产业比重下降时,电力消费会相应减少。

城市化水平对电力消费有负向影响,城市化水平每提高 1％,电力消费减少 0.018％。城市化进程包括人口和产业的转移,人口从农村转向城镇,产业由农业转向现代工业和现代服务业,合理的产业分工促进了资源的有效配置,共享公共交通和基础设施带来了规模经济,居民素质不断提高,具备了较强的节能意识,先进的节能技术在城市中得以快速的推广和运用,从而减少了电力消耗。

出口贸易对电力消费有正向影响,出口额每增加 1％,电力消费相应增加 0.015％。高能耗、高污染产品在加工贸易中占比很大,加工贸易又在出口贸易中占比很大,因此出口贸易的增加会拉动电力消费。改革开放使我国更加深入地参与国际产业分工合作,但尚处于产业链末端,其间承接了发达国家大量产业转移,在国内需求不足的情况下,出口导向型经济使得高能耗产业盲目扩张,进而产生了大量的电力消费。

技术进步对电力消费有负向影响,专利数每增加 1%,电力消费减少 0.02%。技术革新和设备升级有助于提高新能源、清洁能源向电能的转化效率,降低转化成本,更有助于加快淘汰落后产能,推广先进节能技术,对落后工艺进行技术改造,提高行业整体的节能效果,从而提高了电力利用效率。

此外,A 列是静态面板估计结果,Hausman 检验结果显示应选择固定效应模型,结果显示,无论是固定效应还是随机效应估计,主要变量的系数符号和数值基本一致,且都通过了显著性检验,在一定程度上表明估计结果是稳健的。C 列是将模型(2)中所有解释变量当期值替换为滞后一期项再进行的固定效应估计,结果显示主要解释变量系数和数值与 A 列基本一致,进一步验证了估计结果的稳健性。

(二) 地区差异比较分析

我国地域辽阔,各省区市在产业结构、城市化水平、出口贸易、技术水平等方面存在较大差异,从而使得电力消费情况也具有很大不同。根据经济发展状况,借鉴刘生龙对中国区域的划分,将 29 个省区市分为东部发达地区、中部次发达地区和西部欠发达地区三大区域①,进一步分析不同地区的电力消费与经济增长及各变量之间关系的差异性。

采用一步系统 GMM 对东中西部的面板数据进行估计,结果列

① 东部地区包括北京、天津、辽宁、上海、江苏、浙江、福建、山东、广东;中部地区包括河北、山西、内蒙古、吉林、黑龙江、安徽、江西、河南、湖北、湖南、广西和海南;西部地区包括四川、贵州、云南、陕西、甘肃、青海、宁夏、新疆。

于表 2。从估计结果来看，Hansen 检验的 p 值均为 1.000，表明工具变量有效，AR(2)估计值表明差分方程的随机误差项不存在二阶自相关，说明估计结果是稳健而可信的。

表 2　东中西分地区估计结果

变　量	东　部	中　部	西　部
$\ln e_{i, t-1}$	0.900 569 1***	0.933 271 4***	0.980 878 4***
$\ln g_{it}$	0.063 285***	0.093 702 9***	0.053 564 6***
$\ln s_{it}$	−0.047 690 8***	−0.059 933 8**	−0.023 070 9*
$\ln u_{it}$	−0.006 825 5	0.002 707	0.010 168 2
$\ln f_{it}$	0.021 410 1***	0.027 832 9***	0.001 446 6*
$\ln p_{it}$	0.004 900 1***	−0.026 343 7***	−0.010 752 4*
常数项	0.337 393 6***	0.111 277 4	−0.093 881 2
AR(1)	0.014	0.097	0.075
AR(2)	0.12	0.581	0.313
Hansen test	1.000	1.000	1.000
样本量	243	324	216

注：***、**、* 分别表示在 1%、5%、10%的水平上显著。

电力消费滞后一阶项的系数均为正，西部地区系数最大，东部地区系数最小，表明前一期电力消费对当期电力消费有很大的正向影响，西部地区惯性影响最强，东部地区惯性影响最弱。可能的原因是西部具有良好的能源禀赋，使得能源密集型产业比技术密集型产业更快也更容易得到发展，向低耗能产业的转型尚处于起步阶段，未取得很好成效，前期电力消费的惯性影响比东部地区更大。

经济增长的系数均为正，说明三个地区经济增长对电力消费有正向影响，这与大多数的研究一致，现阶段的经济增长会带来电力消费的增加，经济增长活跃了生产活动，改善了人民生活，增加了工业用电和居民用电，从而拉动了电力消费。

产业优化的系数均为负，说明当低电耗的第三产业比重增加或高电耗的第二产业比重减少时，产业结构得到优化，而产业优化有助于减少电力消费。近年来，随着东部地区率先进行产业转型升级,石化加工、金属冶炼等高耗能产业大量向中部转移,而西部地区第一产业占比仍较大,所以当三产与二产比值有所增加时,中部电力消费的降低程度最为明显,西部降低程度最不明显。

城市化水平在各地区的系数有差异,东部地区为负,中西部地区为正,说明东部地区城市化水平对电力消费有负向影响,中部和西部地区城市化水平对电力消费有正向影响,但影响程度较小。东部城市化水平较高,空间资源得到优化配置,城市的规模和集聚效益得到发挥,电力利用效率提高,以高新技术产业和服务业为代表的第三产业发展迅速,形成合理的产业分工格局,从而提高了综合效益,有助于减少电力消费;同时,居民素质不断提高,节能意识增强,更多地选择节能低碳的生活方式。中西部城市化处于加速发展阶段,催生了大量的城市基础设施建设和配套服务发展,尤其是道路、交通、住宅等的大规模修建需要大量水泥、钢材等高耗能产品,进而引起电力消费的增加;人口大规模从农村迁入城市,生活水平提高,对家用电器、汽车等耐用消费品的需求更多,也增加了电力消费。

出口贸易的系数均为正,中部地区系数最大,西部地区系数最小,说明三个地区出口贸易对电力消费均为正向影响,中部地区影响最大,西部地区影响最小。出口贸易的发展有利于增加就业和提高产值,因此我国在改革开放以来大力发展出口贸易,过度追求以GDP为衡量标准的政绩和经济利益,却忽视了加工贸易具有高能耗低附加值的特征,出口结构的重化工业化会带来能源和环境问题。目前发达国家经济以服务贸易为导向,低端的加工制造业早期转移至我国东南沿海,后逐步向内陆转移,我国也因此被称为世界工厂,近年来中部又承接了东部的大量产业转移,而西部地区开放程度较低,因此中部出口贸易对电力消费的拉动作用最明显,西部拉动作用最弱。

技术进步在中西部地区系数为负,东部地区系数为正,说明中部和西部技术进步对电力消费具有负向影响,东部技术进步对电力消费具有正向影响。用专利数表示的技术进步相当于创新产出,意味着先进技术能够进行有效转化,节能技术不断改进完善、节能产品使用范围扩大,使电力利用效率得到提高,进而减少了电力消费。东部地区出现正向影响的可能原因是技术进步提高了新能源的开发和利用程度,风能发电、太阳能发电等加大了电力对煤、石油等传统能源的替代性,也可能是技术进步使产品的单位生产成本降低,引致产品需求和消费增长,间接带动了更多的电力消费,即产生能源的回弹效应。

四、结论与建议

本文选取 1985—2012 年我国 29 个省份的面板数据为样本,以电力消费为因变量,经济增长、产业优化、城市化水平、出口贸易、技术进步为解释变量,引入因变量滞后一阶项构建动态面板数据模型,运用系统 GMM 进行计量分析,同时还考察了东中西部的差异性。得到的主要结论为:首先,全国样本估计结果显示,经济增长、出口贸易增长会拉动电力消费,产业优化、城市化水平提高和技术进步能减少电力消费,同时,电力消费还受到前一期的显著正向影响。其次,分地区估计结果显示,各因素对电力消费的影响存在地区差异,前一期电力消费存在正向影响,影响程度从东向西递增;经济增长、出口贸易对电力消费存在正向影响,中部作用效果最大,东部次之,西部最小;产业优化能减少电力消费,中部影响程度最大,东部居中,西部最小;三个地区的城市化水平和技术进步对电力消费的影响方向存在差异,东部城市化水平提高能减少电力消费,中西部反之,东中西部技术进步会减少电力消费,东部反之。

基于上述结论,提出下列建议:

第一,相对石油、煤炭等化石能源,电能更为清洁,应加大电能在终端能源消费中的比重,发电是煤炭利用最清洁的方式,应在提高煤炭发电效率、减少相应污染排放的基础上更多将煤炭用于发电以实现集约高效利用,优化能源消费结构;同时,借助税收优惠、消费补贴等政策,大力扶持和发展风能、太阳能、核能等清洁能源发电,逐步降低我国电力生产对煤炭的依赖。

第二,既要调整产业结构,又要重视产业内部的调整,有选择地"减二增三",加快产业转型升级的步伐。形成合理的产业结构,需要坚决淘汰落后产能,控制高耗能行业发展,加大基础产业和制造业的技术创新,大力扶持附加值高电耗低的金融等现代服务业和互联网等高新技术产业发展,警惕第三产业中的高耗能行业如物流业的盲目扩张。完善和优化产业结构调整的各项措施,借鉴国外先进标准对设备最低能效标准等强制性措施进行本土化修正,将税收减免、贷款优惠等政策性措施更密切地与市场竞争经济结合,严格控制高耗能行业的贷款,实行差别电价和惩罚性电价。重点发展节能环保产业、新能源产业等战略性新兴产业,以技术要素替代能源要素,减少能耗的同时实现良好的经济社会综合效益。

第三,走集约型城市化道路,重视城市化进程的质量,而不是片面、盲目地追求城市规模的扩大,防止产生所谓的"造城运动"。在道路、交通、建筑等基础设施领域发挥城市集聚效应,优化产业、技术、要素资源配置,突出规模优势,更有效地利用资源,积极发展节能交通工具,推广使用节能材料、修建节能建筑和绿色建筑。在社会生活中,切实有效地宣传倡导节能观念,培养增强节能意识,必要时通过税收或补贴等手段改变居民落后的用能方式和习惯。应对国际金融危机带来的后续影响,应扩大内需以促进服务业快速发展,而不能一味地依靠投资基础设施以拉动经济。

第四,我国仍处于全球贸易产业链的低端,低附加值高能耗的加工贸易在我国出口贸易中占有很大比重,我国出口贸易的增长是建立在消耗能源资源和环境成本上的,同时,欧美等发达国家提出要对发展中国家出口的高耗能产品征收二氧化碳排放关税即所谓的"碳关税",均使得我国出口贸易渐渐丧失竞争优势,必须谋求新的发展。出口贸易的结构优化应与产业转型升级相结合,调整出口产品结构时将能源消耗作为重点考虑的因素,改变目前出口贸易消耗过多能源的现状。健全出口退税、征收出口关税、行业准入等政策,引导和鼓励生物制品、电子等低能耗产品的出口,限制和管控重化、冶金等高耗能产品的出口,提高出口产品附加值、降低能源资源成本,调整出口贸易政策也有助于淘汰落后产能,创造新的有效需求,促进企业进行技术改造,提高能源使用效率。

第五,重视能源回弹效应,改善要素配置效率,用其他要素对能源进行替代,引入价格、税收等政策限制回弹效应,真正实现节能效果。鼓励创新和自主研发,保障技术研发的资金投入,重视研发产出效率,使创新产出能够进行有效的转化。政府应通过直接投资、贷款优惠、税收优惠等措施,构建研发资金分配的市场竞争机制并建立效果反馈和评价体系,辅助企业突破技术瓶颈,激发企业研发产出潜力;积极开展国际合作,引进先进节能技术,并进行本土化改造;重视知识产权保护,制定和完善明晰的法律政策依据,对创新成果进行明确的权力和责任界定,鼓励和保护技术创新,进一步提高创新转化效率。

参考文献

[1] 陈强.高级计量经济学及 Stata 应用[M].北京:高等教育出版社,2010:146—187.

[2] 杜立民.中国二氧化碳排放的影响因素:基于省级面板数据的研究[J].南方经济,2010,(11):55—60.

[3] 葛斐,石雪梅,荣秀婷,李周.电力消费弹性系数与产业结构关系研究——以安徽省为例[J].四川大学学报(哲学社会科学版),2015,(3).

[4] 韩家彬,邸燕茹.国际贸易、FDI 对新兴经济体收入分配的影响——基于金砖四国面板数据的分析[J].经济与管理研究.2014,(8):25—32.

[5] 李强,王洪川,胡鞍钢.中国电力消费与经济增长——基于省际面板数据的因果分析[J].中国工业经济,2013,(9):19—30.

[6] 李文启.金融发展、能源消费与经济增长关系研究——基于动态面板数据的分析[J].生态经济,2015,31(1):70—74.

[7] 林伯强.电力消费与中国经济增长：基于生产函数的研究[J].管理世界,2003,(11):18—27.

[8] 林伯强,张立,伍亚.国内需求、技术进步和进出口贸易对中国电力消费增长的影响分析[J].世界经济,2011,(10):146—162.

[9] 刘生龙.电力消费与中国经济增长[J].产业经济研究.2014,(3):71—80.

[10] 聂爱云,陆长平.制度质量与FDI的产业增长效应——基于中国省级面板数据的实证研究[J].世界经济研究,2014,(4):80—86.

[11] 任力,黄崇杰.中国金融发展会影响能源消费吗？——基于动态面板数据的分析[J].经济管理,2011,33(5):7—14.

[12] 孙祥栋,尹彦辉,郑艳婷.区域经济异质视角下电力消费因素分解及"拐点"分析[J].技术经济,2019,38(7):100—108.

[13] 王蕾,魏后凯.中国城镇化对能源消费影响的实证研究[J],资源科学,2014,36(6):1235—1243.

[14] 伍亚,张立.中美能源消费增长的驱动因素比较研究[J].亚太经济,2011,(6):88—92.

[15] 肖宏伟.用电量与经济在增长"短期背离"的原因分析[J].宏观经济管理,2015,(6):27—29.

[16] 原毅军,郭丽丽,孙佳.结构、技术、管理与能源利用效率——基于2000—2010年中国省际面板数据的分析[J].中国工业经济,2012,(7):18—30.

[17] Arellano, M. And Bond, S. Some Tests of Specification for Panel Data: Monte Carlo Evidence and an Applicaiton to Employment Equations[J]. Review of Economic Studies, 1991, 58(2):277—297.

[18] Asma E. And Leila H.K., Economic Growth, Energy Consumption and Sustainable Development: The Case of the Union for the Mediterranean Countries[J]. Energy, No.71, 2014, pp.218—225.

[19] Blundell, R. And Bond, S. Initial Condition and Moment Restrictions in Dynamic Panel Data Models[J]. Journal of Econometrics, 1998, 87(1):115—143.

[20] Bond S, Hoeffler A, Jonathan R. W. Temple. GMM Estimation of

empirical growth models[R]. CEPR Discussion Papers 3048，2001.

[21] Frecrich Kahrl and David Roland-Holst. Energy and Exports in China [J]. China Economic Review，2008，(19):649—658.

[22] Kraft，J.，Kraft，A. On the relationship between energy and GNP. [J]. Energy Dev.1978，3:401—403.

[23] Lee C.C.. Energy Consumption and GDP in Developing Countries: A Co-integrated Panel Analysis.[J]. Energy Economic，2005，27(3):415—427.

[24] Reinhard Madlener，Yasin Sunak. Impacts of Urbanization on Urban Structures and Energy Demand: What Can We Learn for Urban Energy Planning and Urbanization Management[J]. Sustainable Cities and Society，2011，(1):45—53.

[25] Roodman，D. How to do xtabond 2: An Introduction to "Difference" and "System" GMM in Stata. Stata Journal，2001，9(1):86—136.

贸易安全与便利视角下 TIR 海关多式联运监管创新研究

朱　晶　孟瑛璐

[摘要]　我国于 2016 年 7 月 5 日加入《国际公路运输公约》,2018 年 5 月 18 日首批 6 个 TIR 运输试点口岸同时开放,接受 TIR 运输。开展 TIR 运输是积极推进"一带一路"规划的具体措施之一。但目前看来,《TIR 公约》与现阶段中国海关实行的过境货物监管体系在很多方面还有差异,为更好地促进国际贸易便利化与安全化的发展,本文试图从分析此部分差异着手,对构建基于《TIR 公约》的中国海关多式联运监管体系的总体规划展开研究,并对这一规划的实现路径进行论证,阐述通过协同治理来实现《TIR 公约》下的中国海关多式联运模式的可行性。

[关键词]　TIR 多式联运;贸易便利与安全

[中图分类号]　F752　[文献标识码]　A

[作者简介]朱晶,复旦大学 2015 级行政管理博士生、上海海关学院党校工作部副主任。孟瑛璐,常州海关核销科副科长。

本文受到复旦大学顾丽梅教授主持的教育部重大攻关项目"政府购买社会组织服务的模式重新研究"支持(项目批准号 17JZD029)。

一、《TIR 公约》的背景与研究意义

（一）《TIR 公约》的背景

1948 年，国际道路运输联盟（简称 IRU）在日内瓦成立，联盟建立了 TIR 系统，而后形成《国际公路运输公约》（《TIR 公约》），这是一个建立在联合国公约基础上的国际跨境货物运输领域的全球性的海关通关便利系统，目前已有 73 个缔约国，其中大多数位于"丝绸之路经济带"沿线重要地区，我国于 2016 年 7 月 5 日加入《国际公路运输公约》。2018 年 5 月 18 日，中国首批 6 个 TIR 运输试点口岸同时开放接受 TIR 运输，标志着中国正式开始使用 TIR 系统，构建全新跨境道路运输模式。

（二）研究意义

目前，"一带一路"倡议进入深入实施阶段，在沿线国家中，中亚国家几乎全是内陆国家，而很多国家的铁路网线并不发达，公路

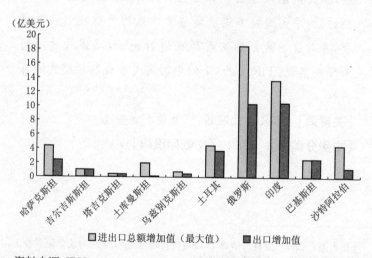

资料来源：IRU。

图 1　中国实施 TIR 系统后对"一带一路"沿线部分国家（地区）贸易额的影响

网络却四通八达,公路运输相比其他运输方式有其天然的优势,公路运输机动灵活,组织方便,周转速度快;除特大型机器设备等生产型货物外,日常百货等商品几乎全部可以实现公路运输,公路运输与海运、空运和铁路运输相比,在运输成本和效率上具有综合优势。启动 TIR 系统,是中国深入推进"一带一路"倡议的重要一步,在此公约下,如何建立安全、便利、高效的海关多式联运监管体系是值得深入研究的课题。

二、TIR 公约对促进国际贸易安全和便利的意义

(一) 国际贸易安全与便利的目标

从一国本位视角来看,"贸易安全是国家经济安全的重要组成部分",海关履行维护贸易安全职能就是要有效防范世界经济波动对本国的影响,作为本国经济发展的"防火墙",同时要保证本国顺利参与国际贸易,由此实现国际贸易成为国内社会经济发展的"调节器"。从目前主流的观念看,贸易安全被认为是贸易便利化的前提,各国海关通过履行职能,减少贸易摩擦、消除贸易障碍、推行贸易自由化。

回顾历史,在美国"911"事件发生等系列事件推动下,2002 年 6月,世界海关组织(WCO)通过了《国际贸易供应链安全与便利决议》;两年后,《关于实施国际贸易供应链安全与便利措施的新决议》出台;时隔一年,迅速推出《全球贸易安全与便利标准框架》。这一系列的文件出台表明世界海关组织(WCO)一直所倡导的贸易便利的价值取向逐渐转变为以安全为取向。

(二) TIR 公约促进贸易安全和便利化的辩证统一

贸易安全与贸易便利化是具有内在天然张力的一对价值目标,在这背后其实是国际、国内两个层面的双向运动。《TIR 公约》缔造了统一的标准和框架,规范了成员国之间的贸易活动,最大程度地

提供了成员国之间的贸易便利性。TIR 系统操作模式简单,在促进全球运输和贸易便利化方面得到广泛认可。在促进贸易安全方面,IRU 组织对使用 TIR 系统进行运输的公司资质审核和认证需要经过严格的程序,只有经批准的承运人和车辆才可以使用 TIR 证进行跨境运输。根据 IRU 组织统计,2013 年使用 TIR 单证进行运输的货车一共约有 300 万次,涉及违规行为的仅有一百多次,且主要是偷逃关税与藏匿货物等,暂未发现利用公路运输车辆进行恐怖主义等活动,TIR 系统在安全贸易方面表现突出。

三、《TIR 公约》与中国海关制度的比较

与《TIR 公约》相比,中国海关法律制度在贸易管制、海关事务担保和申报等方面存在不同。

(一) 货物贸易管制制度

在 WTO 的允许范围内,世界各国对本国参与国际贸易,都在一定程度上进行进出口贸易限制性和禁止性的管制措施,国际贸易法中货物贸易管制制度的基本框架主要由《1994 年关税与贸易总协定》(下文简称 GATT1994)第 11 条普遍取消数量限制例外、第 12 条国际收支例外、第 18 条政府对经济发展援助例外的规定构成。根据《TIR 公约》规定,各缔约方出于公共道德、公共治安、卫生或公共健康等理由,可依照本国法律、法规制定对国际货物过境运输施加符合 WTO 基本原则的限制规则。按此规定,中国可制定基于中国法律的规则,将涉及贸易管制政策范围的货物排除在 TIR 货物运输之外。但在《海关法》中,限制范围是明显小于《TIR 公约》的规定的,仅对禁止类货物做出了禁止过境运输的规定,对限制类货物过境运输则免除了许可证件要求。构成中国海关的贸易管制管理体系的法律法规主要有《中华人民共和国海关法》(下文简称《海关法》)、《中华人民共和国对外贸易法》、《中华人民共和国进出

口商品检验法》《中华人民共和国货物进出口管理条例》等。其中，《海关法》(2017 年修订版)第六十六条规定："国家对进出境货物、物品有限制性规定，应当提供许可证件而不能提供的，以及法律、行政法规规定不能接受担保的其他情形，海关不得办理担保放行手续。"该条款对属于限制类货物、物品的许可证件实际上提出了强制性要求。在中国作为过境国的情形下，当 TIR 单证册项下货物属于中国相关法律的限制类商品时，中国海关将允许货物实施过境运输，但若因过境货物入境后出现违法违规违章等行为而造成货物短少或灭失等情况，货主几无可能向中国海关提交相关许可证件，这会使货主受损，更重要的是对中国贸易管制制度造成损害。

(二) 海关事务担保制度

根据《海关法》第六十六条，海关事务担保是指与海关管理有关的当事人在向海关申请从事特定的经营业务或者办理特定的海关手续时，其本人或海关认可的第三人以向海关提交现金、实物或者保证函等财产、权利，保证在一定期限内履行其承诺义务的法律行为。为实现整个运输过程中的各国海关关税担保以及相关的税收风险，TIR 系统由国际担保链制度保障，由联合国的授权国际公路运输联盟(IRU)管理。担保协会是一个中介组织，主要责任是承担在 TIR 制度中，沟通中国与其他公约缔约国及国际公路运输联盟关系、全面管理 TIR 制度运行。协会成员主要由国际公路运输联盟在各国的国家级道路运输协会成员承担。根据国际通行做法，建立海关事务担保制度是解决简便手续、加速通关与有效监管、防范风险这一对海关管理矛盾的有效方法之一。中国海关的相关法律与《TIR 公约》在海关事务担保的原则规定上基本一致，但具体在权利救济期限、担保人资格、海关事务担保人的担保责任等方面仍存在显著区别。

四、中国现行过境货物监管模式与
《TIR 公约》下监管模式的区别

（一）适用范围

中国海关法律与《TIR 公约》对过境过境货物监管模式的适用范围有较大区别。《中华人民共和国海关对过境货物监管办法》（下文简称《办法》）明确"过境货物"是指由境外启运，通过中国境内陆路继续运往境外的货物，规定在过境时，必须以"陆陆"运输。《TIR 公约》对运输方式的限制更为宽松，过境货物即使只有一部分使用公路运输，即可用 TIR 证运输。《TIR 公约》规定"本公约应适用于在无需中途换装的情况下用公路车辆、车辆组合或集装箱运输货物，跨越一缔约方起运地海关与同一或另一缔约方目的地海关之间一个或多个边界，前提是 TIR 运输起点与终点之间行程有一部分是公路"。这就导致中国法律体系下能使用 TIR 运输的范围非常小。

（二）TIR 运输在便利化方面优于中国海关现行监管制度

TIR 公约中规定"沿途各缔约方海关应接受其他缔约方的海关封志，但封志应完整"。但目前《办法》中还未明确给予国外海关封志的法律地位，仅规定"装载过境货物的运输工具，应当具有海关认可的加封条件和装置"，缔约方海关的封志被中国海关认可还需在法律法规中进一步予以确认。

《办法》规定海关认为必要时，可以查验过境货物。TIR 公约中为减少缔约方海关的查验，提高货物流动效率，规定采用 TIR 程序由加封的公路车辆、车辆组合或集装箱运载的货物一般不受沿途海关的检查。海关不得要求在途中检查公路车辆、车辆组合或集装箱及其所载货物（特殊情况除外）。目前《办法》还尚未明确降低过境货物查验率，也未对查验的地点和方式作出限制，相比于进出口货物,过境货物没有特殊优惠待遇。

《办法》规定根据实际情况,海关需要派员押运过境货物时,经营人或承运人应免费提供交通工具和执行监管任务的便利,并按照规定缴纳规费。而 TIR 明确规定,海关不得在该国境内要求由承运人自费安排护送公路车辆、车辆组合或集装箱,这与《办法》的规定有明显冲突。

(三) 中国海关现行监管制度与《TIR 公约》在对促进企业参与国际贸易的积极度上有显著差别

目前根据《办法》的相关规定,可以看出中国海关对于过境货物的监管基本属于被动监管。现行制度的主要作用在于防止不规范行为的发生,但对于促进贸易发展却无积极推动作用。《TIR 公约》的主旨是要促进国际贸易便利化,针对促进贸易便利化进行了一系列的约定与约束,可以说《TIR 公约》和以《办法》为代表的我国现行海关法律体系的出发点是不一样的。在中国开放 TIR 运输以后,如何进一步完善中国海关多式联运体系,将 TIR 对贸易的便利促进措施融入现行海关监管体系,是值得研究的。

五、构建基于《TIR 公约》的中国海关多式联运监管体系的总体规划

在公路运输发达的欧洲,由于采用了 TIR 系统,货物国境时使用统一的监管控制措施、统一格式的文件、统一的关税保障措施,极大提高了过境运输的便利性,同时正面促进了国际贸易和公路运输的安全与可持续发展。通过贸易协定或者 AEO 互认,贸易国之间接受相同制度的海关管控和担保,可以最大程度简化手续,有效降低运输成本。目前,中国参与国际道路运输的局面全面打开,中国海关建立适合《TIR 公约》的多式联运监管体系将成为重中之重。

（一）与各成员国建立高效的信息沟通网络

在加入《TIR 公约》之后，我国不仅应当实现与缔约国海关之间的数据联网，还应当实现与 IRU 事务组的联网。此外，各国报关单据的格式和内容不一致，也不利于 TIR 制度的顺利实施。对此，我国海关需及时借助 IRU 数据库，与各缔约国海关共同构建集报关单据、运输车辆信息等数据于一体的透明化信息网络。

（二）关检融合可加速提高通关高效性

目前，海关与检验检疫一体化执法是国际通行做法。针对活动物、易腐败物品等进行公路运输的需求，IRU 事务组设立了一个 TIR-EPD 绿色通道，此便捷通道的主要作用是为货主提前向海关传送电子申报数据，以便海关提前准备好对此货物进行相关查验准备，缩短通关等待时间。2018 年 8 月 1 日，"中国国际贸易单一窗口"正式对外运行，所有涉及口岸申报事项均可通过此窗口向国家各行政部门申报。海关总署对关检融合进行了报关单申报改版，优化了"单一窗口"申报流程，目前报关报检可在一张报关单实现申报，企业一次申报，数据后台发往不同执法部门，针对有待检疫的商品申报，海关也将通过"查检合一"实施一次查验，极大地提高了通关效率。中国海关的相关规定也是符合《TIR 公约》的相关规定，即"此类货物应当运用最合乎情理的路线运输至目的地"。由此可以期待，中国海关正在实行的关检大融合完全可以实现为 TIR 运输提供一个类似于专项运输通道的便捷通道。

（三）建立完善的承运企业、车辆管理体系

目前我国货运行业的发展现状仍是"货运多小散弱"，中小型承运者缺乏行业统一资信平台来提供良好的资信保证，对于跨境运输前期成本投入也缺乏充足的资金支持。为促进相关企业对跨境运输的参与度同时防控相关风险，海关应当协同公共组织、行业协会等制定负面清单，避免个体车辆、挂靠车辆、无经营权限企业进入

TIR 运输行业。同时鼓励资信良好的企业或车辆纳入海关信用 AEO 认证管理体系，借助成熟的信用管理体系，实现对承运企业和车辆的规范管理，使符合规范的承运企业享受更多政策便利。

（四）完善对监管风险的预测、及时干预与后续处理流程

在 TIR 运输较为成熟的欧盟地区，目前主要有三种关于货物的不合法行为：货物丢失、货物超重、谎报货物。如果当地海关在已实施关封的车辆中查验出以上三种未申报货物，货物所有人将会是首要义务人且是海关税收等债务的直接责任人。针对此种情况，海关应当采取措施以保证 TIR 车辆在进入中途海关装载额外货物时，货物不被夹带或者调包。另外，在以往的 TIR 运输中发现，为达到骗取海关印章等目的，TIR 证常被用于完全在同一个国家境内的行程。中国境内地域广袤，道路四通八达，为防止造成走私等违法犯罪行为，中国海关要设定具体的政策措施规范 TIR 运输车辆在境内运输。中国海关需借助高效的信息沟通网络，实时监控、数据分析等手段对潜在的监管风险做出提醒，在运输车辆到达下一海关监管场所时提前预警，现场海关人员可根据预警作出针对性干预，以及有效的后续处理措施。

（五）中国海关基于 TIR 的多式联运监管模式设想

中国加入《TIR 公约》后，假设有一批绿豆要从乌兹别克斯坦出口至韩国，在乌兹别克斯坦首都塔什干装车后，经过霍尔果斯口岸进入中国，通过霍连高速公路运输至连云港，在连云港装船出发，最终到达韩国。这单货只需要在塔什干相关海关被检查通过后，进入中国境内其他海关是不需要对这箱货物再进行检查的。这单货可以在中国通过公路直接开到连云港港口，然后直接上船海运至目的地港口，与此同时，该单货物的 TIR 提单已被邮寄到集装箱抵达的港口，在港口提货之后可以继续通过公路运到最终的目的地。

这个流程也可以是从中国内地出口至国外的货物，比如重庆周

边的企业在重庆海关装箱申报,经过重庆海关查验之后实施关封,运输车辆取得 TIR 证后从重庆出发,到上海港或者其他目的地的港口,只要封锁完整,都不需要再次查验,直接运到最终的目的地再检查。目前,在"一带一路"建设中,TIR 系统在多式联运中的发展将充分连接中亚、西亚、南亚以及高加索地区与中国的贸易往来,也促使更多的中国企业,尤其是中西部产业"走出去",对中国进一步深化改革开放、盘活国内资源、引导产能输出,都有极其重要的意义(见图 2)。

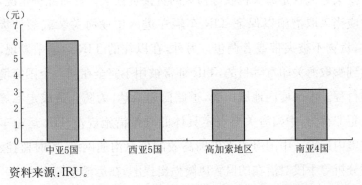

资料来源:IRU。

图 2　中国实施 TIR 系统后与不同国家(地区)的通关时间减少情况

六、通过协同治理来实现
《TIR 公约》下的中国海关多式联运模式

(一)中国海关通过实现与多边自由贸易协定国家、IRU 组织以及其他国家海关的协同治理来完善本国的多式联运模式

申请完善 IRU 实时监控系统,加强与《TIR 公约》缔约国的合作。由 IRU 开发的实时 SafeTIR 系统(RTS),可以协助各地海关实时核实 TIR 担保的状态,向 IRU 反馈 TIR 作业终止信息,但这一系统目前功能较为单一,仅局限于 TIR 单证查询、TIR 作业终止信息等少部分实时信息。因此,我国应向 IRU 组织申请进一步完善 RTS 系统。一方面,构建实时查询系统,只要输入车辆相关信

息,即可获得关于 TIR 车辆的使用情况、批准证书信息与历史运输记录,详细了解其电子证书内容,实现对车辆或集装箱的实时监控;另一方面,完善过境查验结果记录,在该平台上记录对 TIR 车辆或集装箱及其所载货物的所有动态查验结果,当该票货物经过其他过境国海关及到达目的地海关时,平台页面自动显示途径的各个海关的查验结果记录,方便比对查验结果。

加快完善相关法律法规,加快实现与国际化标准接轨。根据上文所述,中国现行的海关法律体系中关于国际货物过境运输的限制与《TIR 公约》存在一定冲突,但根据国情,立即全面采用国际标准还存在一定困难。在试点过渡期间,中国海关可借鉴中亚区域经济合作(CAREC)中如蒙古、哈萨克斯坦等的做法,先完善相关作业系统的法律法规,建立起与 TIR 系统相适应的大框架,再参考《TIR 公约》各缔约国海关针对数据交换等的规章制度,结合我国运输企业范围及监管要求,根据实际情况做出调整,逐步完善相关法律制度,形成完整的海关监管体系。

（二）中国海关通过实现与国内相关部委、运输行业协会的协同治理来保障多式联运监管模式的顺畅实行

（1）海关要进一步加强与相关口岸部门合作,解决技术衔接问题。

海关总署应协同有关部委,通过试点海关的实际监管、沿线交通运输等信息系统的数据共享,确保实施 TIR 运输后各部门数据动态对接,共同协商解决跨境运输中存在的安全和通关问题,并建立长效沟通应急机制,促使形成与国际标准接轨的完善体系。

首先,海关应与国际标准接轨。通过制定禁运或限运货物清单,并根据相关法规及时调整,保证风险较小的 TIR 车辆、货物顺利通关。而对风险程度较高的车辆、货物进一步核查,保证对外贸易活动的安全性。其次,当货流量较大而所运输货物对于时效性要求较高时,海关可为活动物或易腐败品特设"绿色通道",提高通关

效率,最大程度降低企业成本。

(2) 海关应进一步完善风险评估系统,强化企业风险预控与事后管理。

实施 TIR 运输后,为提高通关效率与加强风险管控,相关缔约国海关均要求企业采用预申报制度,目前通用的预申报模式为 TIR-EPD 模式。中国海关目前使用的 H2010 通关管理系统(根据中国海关规划,不久的将来通关系统将全部升级为金关二期工程系统)与 TIR-EPD 系统的有效连接是整个通关过程中最核心的问题。同时,由于"中国国际贸易单一窗口"的使用,使得后台数据流更为复杂。在企业风险管理上,海关可与有资信的行业协会等非政府组织进行业务上的合作,譬如对于 TIR 车辆批准证书的核发,可通过 IRU 发放 TIR 证书确定企业的资信状况,为海关的风险管理提供数据资料。由此,为保障能够获得长期利益,企业势必自觉接受海关监管,从而减少违法犯罪行为的发生。

七、结　　语

"一带一路"倡议旨在促进经济要素有序自由流动、资源高效配置和市场深度融合,开展更大范围、更高水平、更深层次的区域合作,与《TIR 公约》所期望达成的目标不谋而合。TIR 国际运输不仅关系着企业与运输经营人的贸易活动能否便利高效地开展,更对海关推动运输行业的健康发展、营造合理有序的企业发展环境提出了新的发展要求。

加入《TIR 公约》以后,我国海关必须抓住机遇,向外积极与各协议缔约国、多边自由贸易协定成员国等国际盟友展开合作,促进沿线国家公路运输贸易的蓬勃发展;向内与各部委、运输行业协会等展开协同合作,使有中国海关特色的多式联运模式在与周边国家开展交流合作的同时不断完善和发展,为"一带一路"建设提供有力支撑。

参考文献

[1] 崔丽媛."输"通丝路经济运输经脉——当国际道路运输"遇上"TIR 公约[J].交通建设与管理,2015(7).

[2] 黄子祺,宁静,杨佳欢,贾梦楠,胡雨丹.TIR 系统下的我国海关监管研究——以"一带一路"为视角[J],中国商论,2016(14).

[3] 李发鑫.TIR 公约:国际运输便利化的实用工具——访国际道路运输联盟高级顾问曲鹏程[J].运输经理世界,2014(17).

[4] 李恒远,常纪文.中国环境法治 2007 年卷.北京:法律出版社 2008.

[5] 联合国欧洲经济委员会(欧洲经委会).TIR 手册(《TIR 证国际运输海关公约》第十次修订本).纽约和日内瓦.

[6] 刘达芳.论 TIR 证国际运输对区域经济一体化的助推作用[J].海关法评论,2014(4).

[7] 刘达芳.论 TIR 证国际运输在我国发展前景[J].中国外资,2013(12).

[8] 曲鹏程.积极推行 TIR 系统提高多式联运流转效率[J].大陆桥视野,2016(1).

[9] 铁路部国际合作司编.《国际铁路联运有关法规汇编》.

[10] 王淑敏."一带一路"的贸易便利化与海关知识产权保护的互动[J].社会科学辑刊,2017(2).

[11] 吴吉明.《TIR 公约》与中国国际道路运输的比较[J].福建交通科技,2011.

[12] 杨雷.中国—中亚—西亚国际运输走廊建设的现状与挑战[J].新疆师范大学学报,2017(1).

[13] 朱恺.国际道路运输公约[J],与中国海关制度比较.商业时代,2010(5).

社会服务与系统动力学

安吉乡村治理系统动力学建模与分析

朱　勤　赵德余　周新宏　王　甲

[摘要]　本文以浙江省安吉县为例,构建了乡村治理系统动力学模型,描述以"支部带村、发展强村、民主管村、依法治村、道德润村、生态美村、平安护村、清廉正村"为主要特点的安吉乡村治理之路,诠释乡村治理逻辑的动力学机制,界定系统的内生与外生变量及其因果反馈机制,识别影响关键指标变量发展动态的因果回路,由此阐发安吉乡村治理逻辑的系统效应。

[关键词]　系统动力学,乡村治理,安吉县

[中图分类号]　C916　[文献标识码]　A

一、引　　言

近年来,在"绿水青山就是金山银山"理念引领下,浙江省安吉县在社会经济可持续发展、新农村建设、乡村治理等领域取得了令人瞩目的成就。本文所建立的安吉乡村治理系统动力学模型旨在诠释安吉乡村治理逻辑的动力学机制,界定系统的内生与外生变量及其因果反馈机制,识别影响关键指标变量发展动态的因果回路,

[作者简介]朱勤,复旦大学社会发展与公共政策学院教授;赵德余,复旦大学社会发展与公共政策学院教授;周新宏,复旦大学社会发展与公共政策学院博士生;王甲,中共安吉县委党校副校长。

由此阐发安吉乡村治理逻辑的系统效应。基于系统动力学仿真软件 Vensim,在一定的基础数据条件下,模型可以模拟运行以检验与提升系统的信效度以及仿真系统未来发展的可能情景,为乡村治理系统的可持续优化提供决策支持。

系统动力学(System Dynamics,简称 SD)是一种以反馈控制理论为基础,借助计算机仿真技术,通过结构—功能分析与模拟,定性与定量相结合,认识和解决复杂动态反馈性系统问题的研究方法。其主要思想是把所研究的对象看作为一个系统,进行一定的合理抽象,找出系统的主要组成部分和构成要素,进一步分析系统各组成部分或要素之间的相互作用关系,从而形成总的系统结构。系统的功能由系统内部的各种反馈关系的耦合作用决定。在给定各种前提条件下,运用计算机对系统进行仿真运行,可输出不同方案下的模拟结果。

采用系统动力学方法建立的模型,既有定性描述系统各要素之间的因果关系的结构模型,也有定量描述系统行为的数学模型,并可通过模拟运行对系统的未来动态进行情景分析。因此,系统动力学是一种定性分析和定量分析相结合的仿真技术,可用于研究处理社会、经济、资源、环境等高阶次、非线性、多重反馈的复杂时变系统的问题。

系统动力学的基本方法包括因果关系图、流图、方程和仿真平台。系统动力学用因果关系图描述系统要素之间的联系,用流图描述系统要素的性质和系统结构,用差分方程对系统进行定量描述,用仿真平台将模型输入计算机进行模拟运行与分析。概括而言,系统动力学建模主要包括以下五个步骤:(1)系统综合分析——分析问题和剖析要因,明确要解决的问题;划定系统边界,确定内生变量、外生变量及输入量;确定系统行为的参考模式。(2)系统结构分析——分析系统总体与局部的反馈机制;划分系统层次与子块;分析系统变量及变量间关系;确定回路及回路间的反馈耦合关系。(3)建立定量的规范模型——建立状态变量、速率变量、辅助变量及常量方程;确定与估计参数。(4)模拟运行与分析——用设定的多种决策方案在计算机上仿真运行,得到未来变化的模拟结果,并以此作为决策调控的依据,进行综合结果分析;修改模型。(5)模型的检验与评估——对模型的结构适应性、行为适应性、模型结构及行为与实际系统的一致性等进行检验与评估。

二、模型基本结构与分析方法

以"支部带村、发展强村、民主管村、依法治村、道德润村、生态美村、平安护村、清廉正村"为主要特点,安吉县乡村治理系统动力学模型的因果关系图如图1所示。

图中每个文字词组短语构成"变量"。其中方框"农民幸福感"为表示系统运行效益的综合指标变量(见图2);方框右侧的四个圆圈"农民收入""乡风文明程度""村容村貌整洁美观水平""乡村社会安全稳定水平"为影响"农民幸福感"的二级指标变量;方框左侧的两个变量"村民对村干部的信任度"和"集体事务的公开参与程度",表示"农民幸福感"变量产生的两大影响。变量之间以带箭头的连线(称为"因果链")连接,表示由因到果的直接因果关系,箭头旁边标识的"+"号或"-"号表示因果链的极性。当两个变量同向变动时,标识为"+"号,表示因果链为正极性;反之,则标识为"-"号,表示因果链为负极性。

当多个因果链首尾相连形成封闭回路,则称为"因果回路"。若回路中负极性的因果链个数为零或偶数,则该回路为"正反馈回路",表示回路运行时的行为特性有持续的自我增强的趋势;否则为"负反馈回路",表示回路运行有波动或衰减的趋势。

以与"乡风文明程度"相关的一个因果回路为例(见图3)。如以二级指标变量"乡风文明程度"为分析起点(分析起点可以选择回路中任意变量),根据因果链指向及其极性可知,乡风文明程度的改善有利于提升农民幸福感,而农民幸福感的提升有利于提高集体事

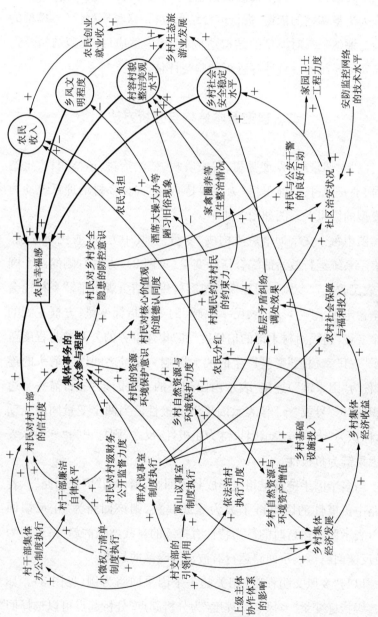

图 1 安吉县乡村治理系统动力学模型因果关系图

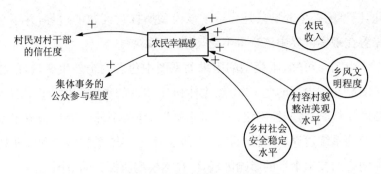

图 2　主要指标变量与因果链

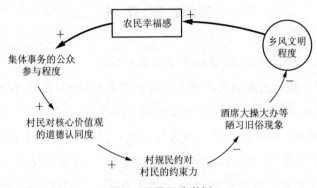

图 3　因果回路举例

务的公众参与程度……酒席大操大办等陋习旧俗现象的减少有助
于改善乡风文明程度，从而形成封闭回路。该回路包含六个首尾相
连的因果链，其中负极性的因果链个数为 2，是偶数，则该回路为正
反馈回路，表示回路自我增强的行为特性，可知该回路有利于农民
幸福感的持续提升。

　　在系统因果关系图中，只有因果链引出而无因果链指入的变量
称为"外生变量"，表示该变量只影响系统内的其他变量，而不受系
统内其他变量的影响。相应地，系统内只受其他变量影响或者既受
其他变量影响同时也影响其他变量的变量，称为"内生变量"。外生
变量又称为模型的系统边界，因为在该模型中不讨论外生变量的影
响因素。需要说明的是，每个系统动力学模型都是对现实世界某个
局部领域的抽象描述，并且每个模型都有其关注的核心议题。因

此,模型的外生变量只是界定了该模型所探讨问题的边界,并不意味着在现实世界中该变量不受其他因素影响。

由图1可知,本模型的因果关系图中包含两个外生变量,即位于图最左侧中部的变量"上级主体协作体系的影响"和位于图右下角的变量"安防监控网络的技术水平"。这两个外生变量构成了本模型的系统边界,也就是说,对上级主体协作体系的影响和安防监控网络的技术水平的影响因素,不在本模型所探讨的范围之内。

三、模型分析

(一)农民收入的影响因素与因果回路

图4所示为影响农民收入的主要因果链(简明起见,仅回溯三级因果关系)。有三个变量直接影响农民收入,分别为"农民分红""农民负担""农民创收就业收入"。其中,农民分红受"乡村集体经济收益"的影响,而乡村集体经济收益是"乡村集体经济发展"的结果;农民负担的减轻源于"酒席大操大办等陋习旧俗现象"的减少,进一步地可归因于"村规民约对村民的约束力"的增强;农民创收的

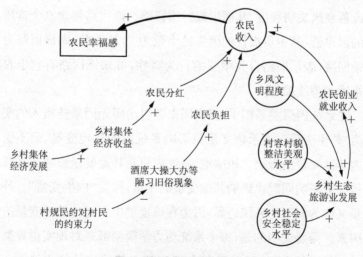

图4　农民收入的影响因素

增加得益于"乡村生态旅游业发展",而"乡风文明程度""村容村貌整洁美观水平""乡村社会安全稳定水平"等因素则有助于乡村生态旅游业的发展。

采用 Vensim 软件进行回路分析,显示本模型中包含"农民收入"变量的因果回路有 24 个。图 5 所示为影响农民收入的部分因果回路。其中,包含"农民分红"变量的回路有两个。其中一个回路是:农民分红→农民收入→农民幸福感→集体事务的公众参与程度→村民的资源环境保护意识→乡村自然资源与环境保护力度→乡村自然资源与环境资产增值→乡村集体经济发展→乡村集体经济收益→农民分红。

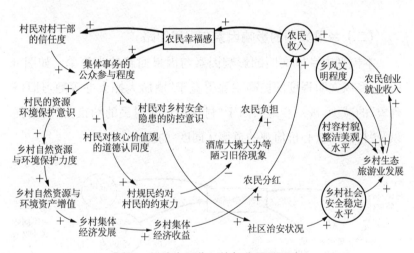

图 5 影响农民收入的部分因果回路

图 5 中,因果链"农民幸福感→集体事务的公众参与程度"之间存在另一条链路,即:"农民幸福感→村民对村干部的信任度→集体事务的公众参与程度",由此构成另一个回路。

包含"农民负担"变量的因果回路有两个。以其中之一为例:农民负担→农民收入→农民幸福感→集体事务的公众参与程度→村民对核心价值观的道德认同度→村规民约对村民的约束力→酒席大操大办等陋习旧俗现象→农民负担。

包含"农民创业就业收入"变量的回路有 20 个。因为农民创业就业收入的主要影响因素,即"乡村生态旅游业发展"变量,直接与"乡风文明程度""村容村貌整洁美观水平""乡村社会安全稳定水平"三个变量相关,而这三个变量共同指向"乡村生态旅游业发展"变量的因果链本身分别处于多个回路之中。这里仅举出一个与"乡村社会安全稳定水平"变量相关的回路作为示例:乡村社会安全稳定水平→乡村生态旅游业发展→农民创业就业收入→农民收入→农民幸福感→集体事务的公众参与程度→村民对乡村安全隐患的防控意识→社区治安状况→乡村社会安全稳定水平。

作为影响因素,农民收入直接影响"农民幸福感"。

(二) 乡风文明的影响因素与因果回路

本模型中乡风文明的影响因素与因果回路较为简单。如图 6 所示,乡风文明程度的提高主要得益于"酒席大操大办等陋习旧俗现象"的减少,进一步地归因于"村规民约对村民的约束力"的增强以及"村民对核心价值观的道德认同度"的提高。

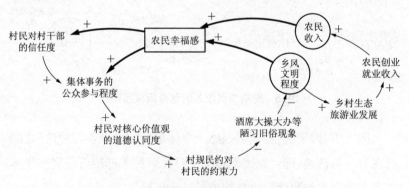

图 6　乡风文明的影响因素与部分因果回路

本模型中包含"乡风文明程度"变量的因果回路有 4 个。以其中一个回路为例:乡风文明程度→农民幸福感→集体事务的公众参与程度→村民对核心价值观的道德认同度→村规民约对村民的约束力→酒席大操大办等陋习旧俗现象→乡风文明程度。

上述回路中,因果链"乡风文明程度→农民幸福感"之间还存在"乡村生态旅游业发展→农民创业就业收入→农民收入"因果链,形成一个更长的回路。

同样,因果链"农民幸福感→集体事务的公众参与程度"之间存在变量"村民对村干部的信任度",形成一个更长的回路。

作为影响因素,乡风文明程度直接影响"农民幸福感"与"乡村生态旅游业发展"。

(三) 村容村貌整洁美观的影响因素与因果回路

如图 7 所示,村容村貌整洁美观水平的直接影响因素有三个,分别为"家禽圈养等卫生整治情况""乡村自然资源与环境保护力度""乡村基础设施投入"。

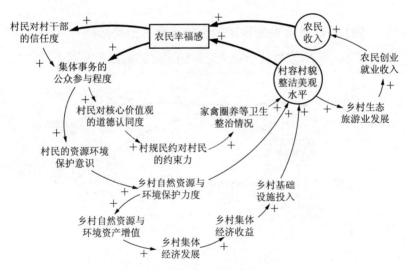

图 7 村容村貌整洁美观的影响因素与部分因果回路

包含"村容村貌整洁美观水平"变量的因果回路有 12 个,以其中一个回路为例:村容村貌整洁美观水平→农民幸福感→集体事务的公众参与程度→村民对核心价值观的道德认同度→村规民约对村民的约束力→家禽圈养等卫生整治情况→村容村貌整洁美观水平。

上述回路中,变量"集体事务的公众参与程度"与变量"村容村貌整洁美观水平"之间还存在另一条因果链,即:"集体事务的公众参与程度→村民的资源环境保护意识→乡村自然资源与环境保护力度→村容村貌整洁美观水平",由此形成一个新回路。

进一步地,因果链"乡村自然资源与环境保护力度→村容村貌整洁美观水平"之间有另一条因果链,即"乡村自然资源与环境保护力度→乡村自然资源与环境资产增值→乡村集体经济发展→乡村集体经济收益→乡村基础设施投入→村容村貌整洁美观水平",构成一个更长的回路。

作为影响因素,村容村貌整洁美观水平直接影响"农民幸福感"与"乡村生态旅游业发展"。

(四) 乡村社会安全稳定的影响因素与因果回路
如图 8 所示,乡村社会安全稳定的主要影响因素有两个,即"基

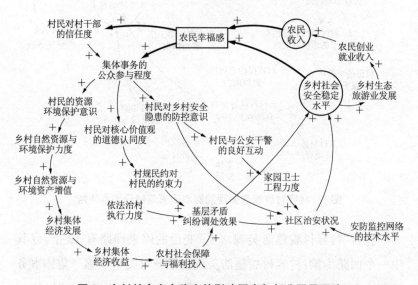

图8　乡村社会安全稳定的影响因素与部分因果回路

层矛盾纠纷调处效果"和"社区治安状况"。其中,影响基层矛盾纠纷调处效果的变量有三个,即"村规民约对村民的约束力""农村社会保障与福利投入""依法治村执行力度";前两者分别包含于不同的因果回路中。社会治安状况则有四个影响因素,分别为"村民对乡村安全隐患的防控意识""基层矛盾纠纷调处效果""家园卫士工程执行力度""安全监控网络的技术水平";前三者分别包含于不同的因果回路中,不再赘述。

作为影响因素,乡村社会安全稳定水平直接影响"农民幸福感"与"乡村生态旅游业发展"。

(五) 外生变量:上级主体协作体系的影响

本模型中,"上级主体协作体系的影响"作为外生变量,对其他变量产生影响。图9所示为以变量"上级主体协作体系的影响"为起点的部分因果链(简明起见,仅保留三级因果关系)。上级主体协作体系的影响直接关系到村干部引领作用的发挥,而村支部的引领

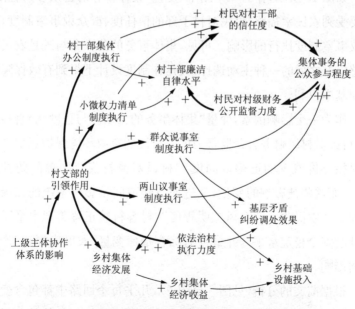

图9　上级主体协作体系的影响与村干部廉洁自律回路

作用首先表现为一系列制度创新,包括村干部集体办公制度、小微权力清单制度、群众说事室制度、两山议事室制度等。这些制度的执行,直接影响到"村民对村干部的信任度""村干部廉洁自律水平""集体事务的公众参与程度""乡村基础设施的投入"等。其次,村支部的引领作用表现在带动"乡村集体经济发展",从而提高"乡村集体经济收益"。再次,村支部的引领作用还直接影响"依法治村的执行力度",进而影响"基层矛盾纠纷的调处效果"。

村干部集体办公制度、小微权力清单制度的执行,以及村民对村级财务的公开监督,会有效提升村"干部廉洁自律水平"。而村干部的廉洁自律有助于提高"村民对村干部的信任度",进而提升"集体事务的公众参与程度",从而形成良性循环的廉洁自律回路:村干部廉洁自律水平→村民对村干部的信任度→集体事务的公众参与程度→村民对村级财务的公开监督→村干部廉洁自律水平。

(六) 关键变量:集体事务的公众参与程度

如图 10 所示,作为一个结果,变量"集体事务的公众参与程度"主要受到农民幸福感、村民对村干部的信任度、群众说事室制度、两山议事室制度执行的影响。可见,集体事务的公众参与既是农民幸福感提升之后的一种主动选择,又是在制度设计下得到有效保障的一项基本权利。

作为一个影响因素,变量"集体事务的公众参与程度"会直接影响"村民对村级财务公开监督力度""村民的资源环境保护意识""村民对核心价值观的道德认同度""村民对乡村安全隐患的防控意识"。而这些被影响的变量,又进而直接或间接影响系统的二级指标变量:"农民收入""乡风文明程度""村容村貌正解美观水平""乡村社会安全稳定水平",并最终对综合指标变量"农民幸福感"产生正向影响。

根据前文的分析(见图 5 至图 9),几乎每个回路中都包含变量"集体事务的公众参与程度"。实际上,根据 Vensim 软件的分析结果,本模型共包含 45 个因果回路,所有回路均包含变量"集体事务的公众参与程度"。在这些回路中,变量"集体事务的公众参与程度"与回路中其他变量互为因果,互动发展,构成众多的良性循环,激励农民幸福感及干部廉洁自律水平的提升。可见,"集体事务的公众参与程度"作为关键变量在本系统中具有承上启下的枢纽作用。

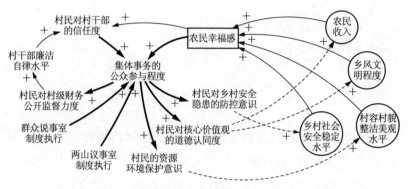

注:图中虚线链路表示简化的间接因果链。

图 10   模型应用:集体事务的公众参与程度

四、模 型 应 用

应用本模型的因果关系图,可以基于变量、因果链及因果回路,对特定议题进行定性分析,研判变量或系统的行为特性,分析主要影响因素及作用机制。以下举例说明。

(一)乡村集体经济发展

以对变量"乡村集体经济发展"的分析为例。如图 11 所示,变量"乡村集体经济发展"主要受三个变量的直接影响,分别为:"村支部的引领作用""两山议事室制度执行""乡村自然资源与环境资产增值"。同时,该变量主要对"乡村集体经济收益"产生直接影响。

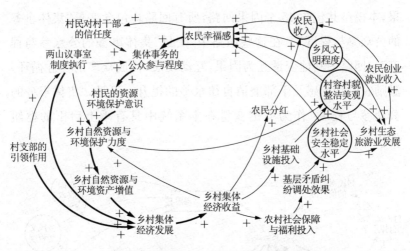

图 11　模型应用：乡村集体经济发展

模型中包含变量"乡村集体经济发展"的回路共有 15 个。由图 11 所示回路可知，乡村集体经济发展通过提高"乡村集体经济收益"，间接影响"农民收入""村容村貌整洁美观水平""乡村社会安全稳定水平"，最终有利于"农民幸福感"的提升，进而通过多个因果链的传导，促进乡村集体经济的发展，形成多个耦合的正向循环。

（二）基层矛盾纠纷调处

以对变量"基层矛盾纠纷调处效果"的分析为例。如图 12 所示，基层矛盾纠纷调处效果主要受到"村规民约对村民的约束力""群众说事室制度执行""农村社会保障与福利投入""依法治村执行力度"的直接影响。同时，基层矛盾纠纷调处效果也会影响"社区治安状况"和"乡村社会安全稳定水平"。

模型中包含变量"基层矛盾纠纷调处效果"的回路共有 16 个。在图 12 所示因果回路中，从变量"集体事务的公众参与程度"间接指向"基层矛盾纠纷调处效果"的因果链主要有两条，一条是："集体事务的公众参与程度→村民对核心价值观的道德认同度→村规民约对村民的约束力→基层矛盾纠纷调处效果"；另一条是："集体事

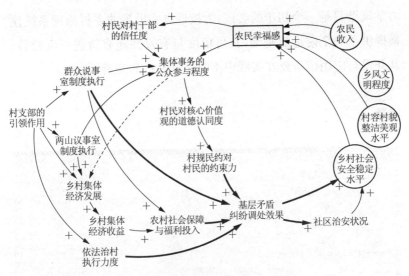

图 12　模型应用:基层矛盾纠纷调处

务的公众参与程度→村民对核心价值观的道德认同度→……→乡村集体经济发展→乡村集体经济收益→农村社会保障与福利投入→基层矛盾纠纷调处效果"。这两条链路都包含在与农民幸福感相关的因果回路中。由此可知,变量"集体事务的公众参与程度"对于可持续性地提升"基层矛盾纠纷调处效果"具有重要影响,其作用路径具体表现为两条:一是通过对核心价值的认同来增强"村规民约对村民的约束力";二是通过促进乡村集体经济发展来增加"农村社会保障与福利投入",两条链路都融入因果回路,形成"基层矛盾纠纷调处效果"不断改善的良性循环。

五、小　　结

现实世界的复杂性决定了任何模型都只是基于某个视角反映真实系统的某个侧面,并且是在一定的边界约束条件下对系统动力机制的抽象与简化。随着系统的发展,建模的过程也应是一个不断检验与修正,不断叠代与优化的过程。本文建立的乡村治理系统动力学模型只是一个初步的尝试,为接近真实世界的乡村治理系统建模提供了一个讨论的基础,其可信度与有效性还有待进一步检验,其开发与应用也需要在实践中不断加以改进和完善。

附录

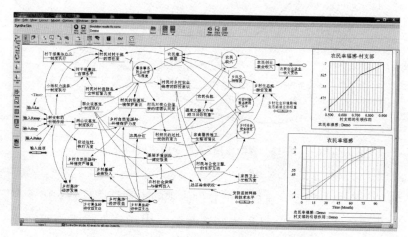

图1　安吉乡村治理系统动力学模型运行界面

参考文献

约翰・D.斯特曼.商务动态分析方法:对复杂世界的系统思考与建模[M].朱岩等,译.北京:清华大学出版社,2008.

系统动力学视角下社会工作介入精神康复服务模式研究

——上海市 H 区精神卫生"医院—社区"一体化的实践经验

傅　尧　赵德余　沈　可

[摘要]　上海市精神卫生服务经过多年实践已经发展出较为完整的"防治康"服务模式,而上海市 H 区精神卫生中心开展社工免费咨询门诊服务,对"医院—社区"一体化服务模式进行了探索性尝试。本文希望通过系统动力学方法,描述服务项目开展过程,呈现社会工作者参与其中精神健康康复的独特价值与专业地位,为精神卫生服务"医院—社区"一体化发展与创新提供宝贵的实证参考。

[关键词]　社会工作;精神康复;一体化实践;系统动力学视角

[中图分类号]　C913.69　[文献标识码]　A

一、问题的提出

2008 年,《全国精神卫生工作体系发展指导纲要》指出,"精神疾病社区管理和康复环节尚为薄弱,加强精神卫生工作必须坚持防

[作者简介]傅尧,复旦大学社会发展与公共政策学院硕士研究生。赵德余,复旦大学社会发展与公共政策学院教授。沈可,复旦大学人口研究所教授。

治结合,增强社区康复功能,发展全面的精神疾病社区康复服务模式"(中华人民共和国国家卫生和计划生育委员会,2015)。这意味着精神卫生工作必须走进社区,加强社区精神卫生服务管理,大力发挥社区康复在精神卫生工作中的重要作用。2013年5月1日,我国正式实施首部《精神卫生法》,标志着我国的精神卫生工作迈入了一个新的历史时期(张琼婷等,2016),更是对精神疾病的治疗和社区康复服务提供了规范化、法制化的保障。

上海市可以算得上是全国精神卫生服务体系建设的先行者和领路人,是精神卫生服务体系相对完善、服务质量相对较高的城市,上海市的发展经验可以为全国精神卫生服务管理提供参考和借鉴。从"686"项目实施,到《上海市精神卫生条例》的出台,上海市精神卫生服务体系走向更为规范化发展的道路,并在实践过程中逐渐探索与发展以防(预防)、治(治疗)、康(康复)的一体化服务模式。

上海市H区精神卫生中心社工免费咨询门诊服务是对"医院—社区"一体化服务模式的探索性尝试,本文希望以此案例作为分析对象,从项目服务实施网络及系统动力学视角进行分析,通过对社工免费咨询门诊服务项目的描述,呈现社工参与医院—社区康复的实践过程,并在此基础上,探索社会工作者介入精神疾病康复过程的可能性,以期为精神卫生服务"医院—社区"一体化发展提供相应的经验模式参考。

二、研 究 综 述

本文尝试以社会工作者参与精神康复"医院—社区"一体化实践作为切入点,对社会工作者参与精神健康服务角色及功能的可能性进行深入讨论,以期在总结国内外发展经验以及前人实践研究成果的基础上,为本土化经验研究提供思路。

（一）国外精神疾病社区康复经验

由于精神疾病的复杂性和病因的不明确性，对精神疾病患者的治疗方式是由传统的药物治疗逐步发展至今，形成了生理—心理—社会综合治疗模式。

20 世纪 50 年代以前，抗精神疾病药物还未出现时，大量精神疾病患者被送入精神病医院接受机构照顾进行康复治疗。随着抗精神疾病药物的问世及发展，精神疾病治疗进入现代医学时代，学者们研究发现封闭式的机构照顾模式并不利于精神疾病患者社会功能的恢复，甚至会对社会适应能力有很大的损害，人们开始对机构照顾模式进行反思。与此同时，人们开始强调"正常化"，即所有人都有资格和权利正常生活且和普通人一样。于是，人们开始呼吁让精神疾病患者回归社会，支持将精神疾病患者送回他们原来生活并熟悉的社区，在社区内接受各种系统的照顾。

在此背景下，"去机构化"运动在西方国家兴起，其中英国"反院舍化"运动就是其中的代表，并由此逐步发展出社区照顾模式，将精神卫生服务的重心向社区进行转移，并强调精神疾病患者的治疗和康复工作不仅仅局限在生理和心理方面，而同时涉及病理、机能、能力及社会功能四个层面，需要不同专业的相关人员共同合作，帮助精神疾病患者能够在社区内得到更完善的支持和照料（童敏，2005）。

"去机构化"运动过程中，美国也逐渐发展出自己的精神健康服务模式——主动社区治疗模式（Assertive Community Treatment, ACT），即在社区层面组建一个多学科的社区照顾团队，主要针对重性精神疾病患者每个人的具体实际情况提供专属服务，以恢复患者的社会功能并提升其生活质量（赵伟等，2014）。

（二）我国精神疾病社区康复的发展及现状

相较于西方国家，我国精神健康研究及服务发展起步较晚。在改革开放以前，对于精神疾病患者的处理仍然停留在强制收容统一管理的层面上。改革开放以后，随着经济社会的不断发展与进步，国外先进的社区照顾理念的引进,关于精神疾病患者的康复治疗等服务内容不断丰富和完善,并逐渐向社区倾斜。其中,上海市精神卫生服务工作尤其是社区康复层面始终走在全国先列,"686 模式""防治康"多部门协作三级防治网络等一系列工作实践智慧为其他城市提供了宝贵的经验。

(三) 社会工作者参与精神康复服务研究

基于以上对于我国精神疾病社区康复模式发展的经验回顾,可以发现目前世界范围内所推崇的社区照顾理念重视精神疾病患者"生理—心理—社会"多维度功能的恢复与提升,强调不同背景的专业人士共同合作,提供多层次的服务内容。在这其中,社会工作者发挥着至关重要的作用。

目前,精神疾病康复过程不断涌现新的特征:精神病人的康复场域由集中居住的院舍转向日常生活的社区,协助病人康复的方法由院舍内临场个案方式转向以社区照料为主导的多元化方法。可以说,精神疾病的治疗康复模式已由传统生理药物帮助患者消除症状的方法转向注重精神病患者自身参与恢复"生—心—社"全人功能的工作模式。基于这样的变化,社会工作者从原来的医护式的非专业助手角色,成长为具有自己独立专业地位的专业工作人员,可以提供不同类型的康复服务,发挥独特的价值。在美国的精神疾病社区康复实践中,社会工作者在所用的社区精神健康服务专业人员中占 47%(Hawkins & Raber, 1993)。

略逊色于西方国家,我国的社会工作者近十年才逐步参与到精神健康服务体系中,其角色定位及服务内容还有待明确与发展。在不断摸索前进的过程中,很多国内学者就社会工作介入精神健康服务的可能性以及重要性发表了各自的看法。童敏就社会工作介入精神康复可能性及社会工作者的服务重点进行了讨论,并提出社工的介入应以链接社会资源为主,争取社会支持以帮助精神疾病患者适应社会(童敏,2005)。赵环、何雪松(2009)等指出了社会工作者参与精神健康服务的重要性。丁振明（2011）则提出社会工作者可以根据精神疾病患者、患者家属及医护工作人员不同的服务对象提供有针对性的活动，内容包括但不局限于心理辅导、认知行为治疗、工娱活动、人际互动提升等。

就我国精神康复服务的具体实践来说，普遍的社区康复模式相对单一且体系并不完善，多以药物治疗为主。虽然有国家一级政府层面出台相关政策文件支持社区康复服务事业的发展，但从政府监督、机构管理、人才资源到经费支持，都缺乏有力的保障机制，没有形成完整的社区康复服务体系，很多社区康复机构职能勉强运营（丁菊等，2019）。因此，我国社工参与精神康复服务的实践研究成果更是屈指可数。有学者通过对比研究证明"医院—社区"一体化服务模式对于精神疾病患者临床治疗及康复有着显著的积极作用（黄海峰、王向林，2013）。曾基于上海市长宁区明心精神卫生社工站实践经验，郑宏（2015）探讨社会工作者介入重性精神疾病"医院—社区"一体化服务模式。

综上所述，国外精神疾病社区康复服务体系发展相对完备，社会工作者在该服务体系中拥有独特且专业的地位，能够根据不同服务对象提供多方面的支持，其丰富的实践经验可供我国借鉴。目前，我国精神卫生政策及精神疾病康复服务仍处于发展阶段，社会工作者能否参与康复过程、如何在康复过程发挥功能仍在探索阶段，需要更多的实证研究来促进精神健康服务体系的完善，同时助推社会工作在精神健康领域的发展。

三、研 究 方 法

（一）半结构式质性访谈

根据已有文献及政策文本，设计研究访谈大纲，对研究对象进行半结构式的提问，采用一对一访谈或采用焦点小组的形式，访谈过程中进行录音与笔记。访谈过程中，研究者根据既定的话题展开提问,并进行适当的追问,同时始终保持开放的方式,没有刻板硬性的提问方式,对于问题的顺序也不做严格的限制,力求能够围绕讨论话题收集详尽深入的信息。

1. 样本选择

本文采取非随机的方便样本和滚雪球的方法获得访谈对象,共8位,既包括实际参与社会工作服务以及社工免费咨询门诊的一线工作者,也有了解该项目以及有业务往来的医护团队成员,还有受益于社工服务的家属等。在研究过程中,对服务项目实施过程进行观摩,了解他们对该项目的看法、感受与意见建议等。对大部分访谈进行录音,部分访谈为事后笔记复盘,涉及的所有访谈信息均已获得访谈对象的知情同意。

表 1 被访谈人的基本情况

访谈编号	被访谈人	性别	学历	职　　务	访谈方式
1	XYY	男	硕士	社会工作者	面谈录音
2	LC	女	博士	社会工作者	面谈录音
3	CTT	女	硕士	社会工作者	面谈录音
4	WN	女	硕士	防治科工作者	面谈录音
5	HG	男	博士	医护工作者	面谈录音
6	FXH	女	本科	医护工作者	面谈录音
7	TX	女	大专	家属	面谈笔记
8	W	男	高中	家属	面谈笔记

2. 访谈资料分析

所有访谈完成后,将录音转录成稿或是根据访谈笔记及时进行复盘整理成逐字稿,并采用应用型政策领域的框架分析法进行分析。通过对访谈文稿的整理,确定分析主题、对文稿内容进行标记和分类并进行归纳总结,然后进行描述性分析对研究主题进行诠释(汪涛等,2006)。通过以上步骤,能够明确系统地研究具体的案例实施过程,总结社会工作者介入精神康复"一体化"的实践经验。

（二）系统动力学建模及分析

系统动力学方法突出两个方面的特性："系统的"与"动态的"。"系统的"意味着这一方法是源于系统科学，需要探究系统中的影响变量或是各要素间的交互作用关系，而不仅限于单一、现行的关系。另外，"动态的"表明系统中要素及彼此关系具有随时间变化而变化的特性，是存在与时间相关的函数，因此，我们在讨论政策实施过程的时候需要确定研究的时间跨度。可以说系统动力学建模的本质是对系统内部的关键因素进行识别，并对因素间复杂的作用机制或关系进行研究（赵德余，2019）。

利用因果逻辑关系模型来描述系统变量的关系是最为常用的方法。本文尝试引入系统动力学方法，以期通过对具体案例——上海市 H 区精神卫生中心社工免费咨询门诊项目的服务实践过程进行描述，梳理各要素之间的因果逻辑关系，剖析该服务系统中哪些环节或机制是相对有效的，而哪些过程存在问题以及需要改进，探索社会工作者参与精神卫生服务、促进"医院—社区"服务一体化的可行实践模式与路径，为精神健康政策及精神卫生服务体系的发展与完善提供实证经验参考。

四、系统动力学视角下，精神康复"医院—社区"一体化实践

（一）案例介绍——上海市 H 区精神卫生中心社工免费咨询门诊

1. 上海市 H 区精神疾病社区康复概况

目前，上海市 H 区辖区内共有约 4 100 名在册病人，其中约有 3 400 名于社区内进行康复。社区康复者需定期到区级精卫中心进行复诊及配药；可以根据自身的需要申请阳光心园、社工团体、职业康复等服务。同时，社区居委精防干部、社区卫生服务中心医生及疾病预防控制分中心（简称 CDC）工作人员针对社区康复者进行定期上门随访（随访频率根据康复者状况评级而定），共同管控。

2. 社工免费咨询门诊

H 区精神卫生中心社工部成立于 2014 年 3 月,隶属于疾病控制分中心(Center of Disease Control),目前共有 6 名专职社工,其服务内容包括门诊服务、个案管理、阳光心园团体服务、康复者及家属俱乐部活动等。

社工免费咨询门诊制度始于 2017 年,其前身为 2015 年 8 月始实施的"门诊社工咨询台",志愿者与社工协同服务。该服务的目的有二:首先,通过医务社工提供免费的咨询服务,为患者及家属提供详尽的除医疗外相关信息,以促进其对疾病的认识,了解疾病相关的政策,链接相关的康复资源(含社工部资源),以更好更快地康复并回归社会;其次,通过医务社工的介入,分担门诊医生的接诊任务,提高门诊医生的接诊效率。目前,该门诊由院内专职社工提供服务,内容主要包括:心理疏导、政策咨询、人际关系调适、社区资源联络、职业康复等内容。

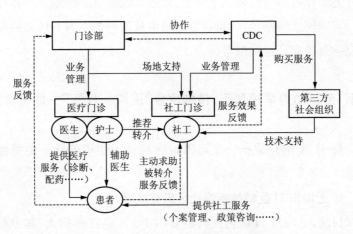

图 1　社工免费咨询门诊的服务网络结构

(二) 服务项目开展的内在逻辑——系统动力学分析

社工免费咨询门诊的设立是 H 区精神卫生中心社工部参与精神疾病康复一体化过程的尝试,积极与服务相关的各个行动者产生互动与沟通,达成将院内服务与社区康复服务有机整合、提供全病程的支持系统的目的,提高社会工作者服务传递的效率与质量,使在院内及社区康复的患病人群需求得到更好的满足,生活质量有所改善。

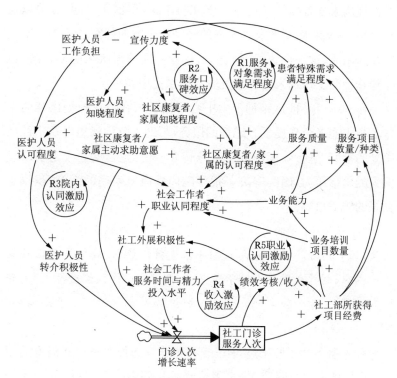

图 2   社工免费咨询门诊项目运作过程的系统动力学模型

图 2 所示的社工免费门诊项目运作过程的系统动力模型,展示了目前项目运作过程中的动态平衡状态,在整个系统中存在着多个子循环。接下来,本文将将其逐一拆解,深入分析不同因素如何促进或阻碍项目运作。

1. 服务对象需求满足激励效应与服务口碑效应(R1、R2)

在社会工作者参与精神卫生服务工作前,社区康复者及家属会在复诊门诊中主动向医生倾诉,间接表达他们经济生活、社会交往等其他方面的需要。无论是初诊的还是复诊的精神疾病患者,需要的帮助远远超过药物,尤其复诊的精神疾病患者,社会功能的恢复、家庭照顾以及家庭关系的调整成为最重要的压力。而早期的精神疾病防治康复工作主要集中在医院,且基本采用药物治疗的方式(童敏,2005)。随着心理治疗、康复科等引入精神康复服务体系,患者在疾病康复方面的支持更加多元与丰富,但囿于时间、资源以及专业程度限制,康复者及其家庭的经济社会方面的需求还是得不到很好的回应,这一现状亟须一个更具专业性的团队来协助化解,也呼吁着社会工作加入精神康复服务体系之中。

在2015年,H区精神卫生中心开始尝试在门诊处提供社会工作者与志愿者合作提供志愿性的服务,帮助入院的病患以及于社区康复的家庭,进行政策咨询与服务转介,从一定程度上缓解了门诊医生的出诊压力,确实解决了很多院内外康复家庭的需求,积累了良好的服务口碑。

"早在2014年的时候,我们就有为门诊及社区复诊病人服务的想法,同时门诊护士长也向我们寻求支持。最初,我们是整理政策性的内容,制作成宣传小册子和海报,摆放在门诊预检台那里,也会定期发放给病人和家属,做一个知识普及的工作。"(访谈编码:XYY-HSG-1)

随着服务的不断推进,社工部逐渐发现志愿服务形式的不适用性:在大型的三级医院中,患者流动性极强,对于基础性的疾病知识、就诊流程及导诊的需求较大,因此,十分需要庞大的志愿者团队支持完成这部分工作。而作为二级医疗机构的H区精卫中心,前来就诊的患者相对稳定,对于医院诊疗环境、科室人员都较为熟悉,上述基础性的服务需求较少,而个体及家庭或特殊需求的诉求更为急迫,需要更为专业、更具针对性的服务与支持。

"开展志愿服务的时候,社工自己就会得到反馈,觉得好像是没有很大的必要去开展这样的一个志愿性质的服务……到我们这里的病人他可能相对来说是比较熟悉的病人,我们医生、护士都认识,患者和家属对于就医流程也都比较清楚,所以他对这种(基础性)需求不是很大的。我们针对病人和家属做了调查问卷,他们也会提出想要更固定、更深入的需求服务。"(访谈编码:XYY-SG-1)

基于这样的情况,社工部主动提出申请设立固定的社工免费咨询门诊,为有需求的患者及家属提供更为稳定和高效的服务。经过协调,院方开设专门的社工门诊时间及咨询诊室,并设立专项经费支持社会工作者参与精神健康全病程一体化过程。

"我们社工部的办公室位置其实不太好找,很多人被介绍过来都因为找不到就走掉了,我们有一个固定的开放服务时间和诊室之后,更容易接触到服务对象,患者和家属也更容易找到我们了。"(访谈编码:CTT-SG-3)

社工免费咨询门诊成立以来,致力于开发具有可持续性的针对不同人群的多种项目。所能提供的项目种类越多,入院患者及社区康复家庭的特殊需求被满足的程度就越高。目前,社工部提供的服务大致分为三类:一是门诊个案咨询及管理服务,主要针对精神疾病患者开展出入院适应服务、情绪管理、人际沟通能力建设等;二是团体(小组)服务,有针对病患家属的互助俱乐部、针对心境障碍患者的支持团体及针对精神疾病康复者的职业康复俱乐部,以上的团体活动统称为"同心圆"俱乐部项目;三是政策咨询服务,包括精神疾病大病医保政策、免费服药政策、阳光心园康复等政策内容。

服务项目种类丰富程度会影响社区康复者或其家属主动求助的意愿,资源越丰富,服务对象特殊需求满足程度越高,服务对象对社会工作者所提供的服务以及社工免费咨询门诊的认可程度越高,主动求助的动机也会更强。在不同的服务项目中,患者和家属会获得相对专业的支持,更有针对性地解决现阶段的问题,更容易走出生活的困境。在接受服务的过程中,社会工作者与服务对象建立较为稳定、可持续的信任关系;同时,社会工作专业伦理要求工作者尊重与接纳,并对服务对象的个人隐私保密,独立的诊室也为患者及其家属提供了相对私密安全的环境来进行咨询和讨论,这些都会增强病患及其家属对于社会工作服务的认可程度,从而增强其再次来

表 2 社工咨询门诊服务内容

服务项目		服务内容	适用人群
"同心圆"俱乐部	家属互助俱乐部	宣传疾病知识、讲解药物支持、提供护理技巧、习得减压技巧、获得朋辈支持	精神疾病患者家属（18 岁以上体检者、患者近亲属）
	"抑"起走走俱乐部	宣传疾病知识、讲解药物支持、习得情绪控制、获得社交锻炼、获得朋辈支持	抑郁症患者、双相情感障碍患者、焦虑症患者
	职业康复俱乐部	职业技巧习得、职业实训操作、获得实习机会、获得朋辈支持	精神疾病患者
政策咨询	精神疾病大病医保政策	政策宣讲、流程讲解、社区对接	精神疾病患者、精神疾病患者家属
	残疾人交通补贴申请		
	精神疾病残疾证申请		
	精神疾病住院费用减免政策		
	免费服药政策		
	阳光心园康复政策		
	个案管理（需预约）	多学科评估、个体康复计划制定、康复指导、心理支持	精神疾病患者

资料来源：H 区精卫中心门诊大厅展板。

到社工免费咨询门诊主动求助的意愿,进而带来社会工作免费门诊
人次增长速率的提升(R1)。

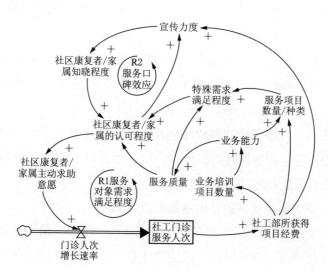

图3　R1服务对象需求满足激励效应与R2服务口碑效应

　　社工部在不断开发服务项目的同时,还尝试购买第三方培训服
务来提升社会工作者业务能力。社会工作者团队业务能力越强,其
能够提供的服务项目种类越多元化,其服务质量越高,从而对于服
务对象的需求满足程度都会得到明显提升。

　　"我们精卫中心在2017年引入了一个'品管圈'项目,医院比较
支持社工部发展免费门诊这个项目,就批了一部分经费参与进来。
有一位台湾的老师来指导我们,给我们提供了很多意见。他当时将
我们(社工免费咨询门诊)和妇产科医院助产师门诊服务进行类比,
给了我们很多启发,帮助开发了一些新的服务内容,例如单次小组
活动、外展服务等等。"(访谈编码:XYY-SG-1)

　　"社工老师们真的很耐心,还请医院里的医生护士们给我们(家
属)做讲座,告诉我们怎么照顾他们、要监督他们吃药等等,还跟我
们讲了些前沿的知识,让我们更了解这个病(精神分裂症)是怎么一
回事。"(访谈编码:Z-JS-8)

除此以外,社工部还会将部分项目经费用于服务宣传方面,提升社工咨询门诊在患者、社区康复者及家属间的知晓程度。

"我们已经有资源在这里,他们可以使用,但是他们不知道,所以进不来;我们的资源也不能跟被更多的人享用,包括一些大病医保的政策,进入阳光心园等。为了解决这个困境,我们有设计编制一些手册,例如融合精神疾病政策的汇编等等,会放在门诊醒目的位置,供大家取阅。"(访谈编码:LC-SG-2)

社会工作服务的知晓程度越高,患者、康复者及其家属对于其认可程度也会相继提升,通过患者家属之间口口相传,逐渐形成正向良性的激励循环(R2)。

2. 院内医护团队的认同激励效应(R3)

由于疾病的特殊性,社区内的康复者会定期到医院门诊进行复查和配药,在复诊的过程中,医生除了需要处理康复者疾病相关的问题外,常会面对康复者或其家属的有关个人生活中遇到的困难和困惑。

"有的病人在门诊配药的时候,医生他们可能关心的是你(患者)吃药有没有按时按剂量、有没有哪些不良反应等等。但家属们可能还会问医生:'他昨天晚上还跟我吵了一下,打我,他就是不吃药,我该怎么办?'或者'我儿子要怎么找工作,怎么找女朋友?'等等这样的问题。医生并不能回答和解决,也没有时间去处理。但患者和家属所需要解决的这些问题是需要被重视和解决的,我们社工部就注意到了这部分需求,开始做这个事情(社工免费咨询门诊)。"(访谈编码:LC-SG-2)

基于现实的迫切需要,为实现患者良好的就医体验、缓解医护工作压力等多重目标,社工免费门诊项目正式落地成立。医院门诊部也因有社会工作者的加入,而实现了各行动者进一步精细化分工,各专所长,协同配合,高效运转。

社会工作者可以通过专业性个案、小组与社区干预,链接并整合各方资源,满足与政策申请、社会生活适应、个人发展等相关的个性化需求。正如上文所讨论的,社工免费咨询门诊项目逐渐形成正向、积极的服务口碑(R2),这一正向激励效应同样影响着医护团队对社工服务的认可程度。康复者及其家属了解到社工部能够为其特殊需求提供帮助,并切实地在具体活动与服务中感受到支持后,再遇到类似的问题他们会有意识地尝试寻求社工的服务,使得他们能够更加专注于病理性问题的管理工作。

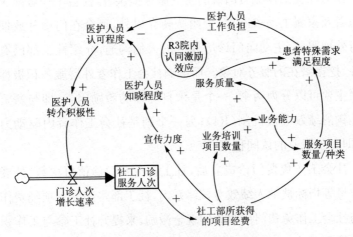

图4　R3院内医护团队的认同激励效应

　　除此以外,为达到提升社会工作服务可触及、全覆盖的目标,提升医护人员对于社工服务的认可程度,社工部为门诊医护人员进行宣教与培训,并鼓励医护人员向社工部转介服务对象。

　　"刚开始,很多医生还是不太能理解社会工作是做什么的,我们会比较'简单粗暴'地告诉他们可以转介病人的类型,比如有很具体明确需求的家属,或者是抑郁症患者,又或者是一直希望和别人聊天、需要别人关心的家属或康复者,都可以转介给我们社工。慢慢地,他们就会开始理解我们在做什么,可以解决什么样的问题。当他们感受到'哦,你们确实能够帮我更好地处理这些患者的某些问题',他们就更信任也更信赖我们社工免费门诊和社工部。"(访谈编码:LC-SG-2)

随着宣教内容的不断深入，社工部的业务类型逐渐丰富，所服务的康复者及家属人群数量持续累积，医护人员明显感知到工作负担减轻、工作效率提升后，对社工服务存在价值的认可程度提升，其认可程度越高，采取转介行动的意愿和动机就会越强，这加快了社工门诊服务人次的增长速率(R3)。

3. 收入激励效应(R4)与社会工作者职业认同激励效应(R5)

作为社会工作免费门诊的主要服务提供者，社会工作者除了等待患者及家属主动求助、医护团队转介以外，还会在门诊开放期间进行外展服务，主动向门诊等候区的人们沟通，介绍社工部已有的服务，挖掘潜在的服务对象。而影响社会工作者外展服务积极性的因素主要可以分为两个：一个是来自外部的激励因素，即与薪资收入挂钩的绩效考核机制(R4)；另一个则是社会工作者内驱动力因素，即对于职业的认同程度(R5)。

社会工作免费门诊成立后，社工在免费门诊值班次数、外展个案数量等指标被纳入绩效考核体系内，社工部将部分专项经费作为参与社会工作免费门诊服务的现金激励，来提升社工参与工作积极外展的主动性。

"社工部有把免费门诊这个版块的内容纳入绩效考核中的，每月进行记录和考评。我们不仅仅看你每个月的服务人次，3个还是5个这样绝对数量的指标，还会记录针对某一个服务对象持续进行的服务次数，这个其实也是十分重要的，所以我们的考评也是比较灵活的，并不是绝对量化的。"(访谈编码：XYY-SG-1)

社会工作者外展积极性越高，在外展过程中挖掘到潜在门诊服务对象的数量可能就会越多，抑或是针对某几个服务对象的服务次数增多、服务更加深入，这些都会使得社会工作免费门诊的服务人次增长速率有明显提升，服务人次相应增加。服务人次的显著提升，能够从一定程度上证明社工服务的特定价值，那么院方未来则更愿意在该项目上投入更多经费及资源支持，提升整体的服务递送质量与效率。

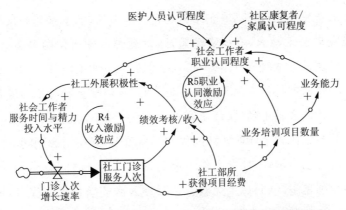

图5　R4 收入激励效应与 R5 社会工作者职业认同激励效应

社会工作者职业认同程度对于其发展外展工作的积极性也起着重要作用。社会工作职业认同是需要获得职业群体的自我认同与其他群体和全社会的他者认同(张海,2016),在这个项目中,具体是指社会工作者个人业务能力强弱、接受专业培训数量的多少、社区康复者与家属以及医护人员的认可程度等。在相同条件下,社工所接受的专业培训数量越多,其业务能力提升程度越大,一线的社会工作者会获得更多来自行业内部的正向激励,职业认同程度则越高;社区康复者与家属以及医护人员对社工免费咨询门诊服务的认可程度越高,社工的职业认同程度也会越高。

"我们有很多的医生去国外交流过的,在国外看到社工在精神健康体系里面扮演着非常重要的角色,他会有意识地说这个病人其实没有(病理上的)问题,就会介绍(病人)到我们社工部,推荐(病人或家属)参加一些活动……有这方面经验的医生或者是认同社工专业价值的医生,还会和社工部合作,针对即将出院的病人进行宣教,这个也是我们最近开展的新的部分。"(访谈编码:LC-SG-2)

"我是在门诊的时候了解到我们社工的服务,然后才知道有家属俱乐部。参加这个活动后,认识了很多和我有相同经历的人,也得到了很多支持,觉得很感恩,很感谢。"(访谈编码:W-JS-7)

"一开始,我们会尝试向门诊候诊的病人来介绍社工免费咨询门诊来发展案主;后来,我们名声也建立起来了,很多家属和康复者知道我们会主动来,有的变熟悉后,看到都会多问候两句怎么样。如果发现最近情绪有点不好了,就会发展成个案来进行干预。我们现在这样长期接触有联系的案主挺多的,我们就会针对他们进行定期的回访或者再干预。"(访谈编码:CTT-HSG-3)

社会工作者个体职业认同程度越高越强,其在门诊期间外展的积极性与动力越强,社会工作者愿意提供的服务时间则越长、投入的精力则越多,从而社工免费咨询门诊人次的增长速率提升,形成职业认同的激励效应循环机制(R5)。

(三)各行动者参与服务"一体化"实践的角色分析

通过对社工免费咨询门诊项目运作过程的分析,可以发现影响门诊人次增长速率包括三个因素,即社区康复者/家属主动求助意愿、医护人员转介积极性以及社工外展积极性。由此,可以归纳出参与该系统的不同的行动者参与其中的角色。

1. 需求与反馈:接受服务的社区康复者及家属

在精神卫生康复服务供需链条中,社区康复者及家属属于服务需求方,在现实场景中,他们通过不同方式与服务供应方(即医院、社工部、第三方社会组织等)积极互动,获取服务与资源,表达诉求与反馈。

在本案例中,社会工作者先是借鉴传统服务形式(即志愿者模式)并结合自身专业工作方法开展服务,满足社区康复者及家属对于政策制度、疾病特征、护理方式等基础的知识性的需要。虽然康复者及其家庭是服务的最终接受者,但他们并非完全被动地输入能量,在持续接触的过程中,社区康复者及家属会向社会工作者表达感受与意见,为社会工作者的服务效果提供有价值的反馈与评价,进一步激励着医院、社工部以及社会工作者开发优化服务项目、寻求更多的社会资源,更好地满足服务对象的需求,实现个体和谐发展、提升生活质量的目标。这也是前文所重点讨论的正向、动态的循环过程。

2. 认可与合作:递送服务的院内医护团队

在精神疾病管理这一连续复杂的过程中,医院的医护团队起着核心重要且不可替代的作用,具有较强的权威和话语权,这也是为什么患者和家属在遇到一切与精神疾病相关的问题或困境时都会下意识地先去寻求医护团队支持,而非其他机构或组织。但同时也需要承认,精神疾病的管理涉及的内容远超过疾病的防护、治疗与康复,还包括个体社会功能的恢复与发展等,而后者的需求是医护团队无法参与支持的部分,这就为精神疾病患者及其家庭与医护团队带来潜在的困境与冲突。

在本案例中,社会工作者尝试以社工免费咨询门诊的形式,将部分有更深层次发展需要的门诊患者纳入社会工作服务项目中,从很大程度上缓解了医护团队工作的负担,提升其工作的效率,也为患者及家属提供了更好的就医体验。同时,社会工作者服务的开展也需要医护团队的认可,依赖医护团队的支持。鉴于医生的权威性,患者会更容易接纳医生的转介建议而接受社会工作者的服务项目。基于这样的现实情况,医护团队与社会工作者团队很容易便形成互惠的合作关系。因此可以说,院内医护团队是服务供需链条中重要的递送媒介,促进了供需双方关系的建立与维系。

3. 服务与整合:实践服务"一体化"的社会工作者

作为服务供需链条中的主要供给方,社会工作者所提供的与精神康复有关的服务皆是以服务对象为中心的,即基于康复者及其家属现实需求展开的,服务形式包括个案及家庭咨询、小组活动以及社区活动。在本文的案例中,涉及的人群包括抑郁症患者、精神分裂症患者家属等。正如前文所讨论的,免费咨询门诊的设立有效地分担了门诊医生的工作负担,缓解了医患可能存在的冲突,显著提升了患者的就医体验,因此,社会工作服务的价值得到了多方的认可与支持。

在本案例中,社会工作者在提供一线服务的同时,也在整合院内外的资源方面发挥其独特的力量。由当初简陋的志愿者咨询台到具备独立真实的社工免费咨询门诊、印发宣传册、进行宣教培训等,社会工作者将社区、医院、社会组织等不同行动者的能力与资源密切结合,为更好服务精神疾病人群注入了新的血液。虽然,本文中的社工免费咨询门诊设立于医院内部的物理场域,但其根本目的是希望更好地服务于社区康复的患病人群及家庭,立足医院,放眼社区以及社会,以咨询门诊的形式将医院与社区有机链接在一起,由门诊延伸出的社会工作服务覆盖院内外,而非局限、割裂、二元化地去讨论。这对于精神康复服务体系来说,是一次创新且具有借鉴性的实践尝试,也为服务体系"一体化"建设的理论析出提供实证证据。

五、讨 论 与 反 思

作为结论,通过系统动力学视角对上海市 H 区精神卫生中心社工免费咨询门诊项目的分析,形成了社会工作参与精神康复医疗体系、寻找独特角色与专业地位的系统性描述,同时也提炼出社会工作者致力于精神康复"一体化"过程的实践经验,即立足于服务对象需求,建立与医护团队的互惠合作关系,链接与整合院内外多方资源,形成系统性、持续性、专业化与多样化的服务体系。

值得强调的是,长期以来,在精神卫生服务领域,精神科以及心理学专业始终占有强势的权威地位,加之康复、护理等其他专业近年来的强势发展,社会工作的专业地位比较难得到服务对象以及其他专业的认同与肯定;与此同时,社会工作介入服务的方式,一部分和本身院内的康复科医生、护士甚至精神科医生的相似,社会工作者在与其他行动者融合的过程中会产生竞争和互相排斥,社会工作者面对这个本身看似完整的精神卫生服务体系,确立自己的职业地位与专业空间,也正在面临着挑战(薛莉莉,2017)。而上海市 H 区社工免费咨询门诊的设立,是一次精细化分工的大胆尝试与突破,社会工作者在夹缝中找到了一个适合自己的独特位置并成功将其规范化、制度化,树立了社工的专业形象。

从方法论层面来说,本文以系统动力学方法为分析的理论依据,着重讨论该服务实施系统中各个要素之间互相影响的机制,更注重其动态变化过程的讨论。但是囿于时间及收集资料有限,对每个核心要素所涉及的行动者特征的分析还不够具体也深刻,这部分内容可以在未来继续展开进行论述与讨论。

在政策实施调研的过程中,研究者发现上海正在深度推进和发展社区内的慢病管理机制,鼓励精神卫生专科诊疗机构与其他各部门及社区积极联动,挖掘社区内及第三方社会组织力量,弥合"医院—社区"二元割裂的状态,力图建设专业化、系统化、持续化的精神卫生服务(郑宏等,2012)。上海各辖区具体实践方式及路径各具特色,比如本文中所讨论的 H 区的案例是背靠院内的丰富资源向社区延展服务内容;抑或 C 区则是通过区级精卫中心成立了明心精神卫生社工站,由政府购买公共卫生服务等形式实现了民办非企业运作,并纳入院内精神卫生社会工作者,以弥补现有人力资源的不足。两种不同的实践经验各有其特色和优劣,若能够进行对比研究,或许可以为未来政策及制度的完善提供十分有价值的实证参考。

参考文献

[1] 丁菊,游戏露,孙卓林,李娜玲.精神疾病社区康复的现状及对策与建议[J].广西医学,2019(9),1196—1199.

[2] 丁振明.社会工作介入精神病院康复模式的探索[J].福建医科大学学报:社会科学版,2011,12(2),26—30.

[3] 黄海锋,王向林.医院社区一体化康复模式干预慢性精神疾病患者疗效探讨[J].中国实用神经疾病杂志,2013,16(14),51—52.

[4] 童敏.精神病人社区康复过程中社会工作介入的可能性和方法探索[J].北京科技大学学报:社会科学版,2005,21(2),35—39.

［5］汪涛,陈静,胡代玉,汪洋.运用主题框架法进行定性资料分析[J].中国卫生资源,2006，9(2)，86—88.

［6］薛莉莉.实然与应然相结合的精神医疗社会工作服务模式——以上海市精神卫生中心社会工作部为例[J].中国社会工作,2017(27)，25—29.

［7］张海.承认视角下我国社会工作职业化发展的现状与趋势[J].探索,2016(5)，133—140.

［8］张琼婷,沈頡,鞠康,陶华,陈浩,曹广文.上海市长宁区社区精神康复服务资源的现况及建议[J].上海预防医学,2016，28(7)，498—501.

［9］赵环,何雪松.精神卫生社会工作新的发展方向[J].社会福利,2009，9，39—40.

［10］赵伟,朱叶,罗兴伟,刘泇妍,马晓倩,王湘.严重精神疾病社区管理和治疗的主动性社区治疗模式(综述)[J].中国心理卫生杂志,2014，28(2)，89—96.

［11］郑宏.社会工作者介入重性精神疾病医院社区一体化服务模式研究[J].中国全科医学,2015，18(25)，3020—3023.

［12］郑宏,周路佳,符争辉.精神分裂症社区精神卫生服务现状与发展策略初步研究[J].中国初级卫生保健,2012(5)，14—17.

［13］Hawkins, M. and M. Raber Mental Health Care Reform：Implications for Social Work[J], Hospital and Community Psychiatry, 1993, 44：1045—1406.

［14］Yip, K.S. The community care movement in mental health services：Implications for social work practice[J]. International Social Work, 2000, 43(1)，33—48.

从社会救济附带到精准扶贫治理

——基于儿童反贫困政策演进的分析与展望

贺小林　温　洁

[摘要]　儿童发展关系国家未来和民族希望,儿童贫困问题始终不容忽视。新中国成立以来,儿童反贫困的社会政策主要经历了三个阶段的发展。在这个过程中,儿童的主体地位不断凸显、社会力量逐渐参与、政策内容也不断丰富。随着 2020 年绝对贫困的消失,新的儿童贫困问题比如更为深度的教育贫困与权利贫困将会产生,而我国当前的儿童反贫困政策并不能满足不同地域、不同年龄儿童的需求,长期以来政府不断增加资金投入也会导致政府财政压力的增加,因此儿童反贫困政策需要进一步的发展与深化。笔者通过梳理新中国成立以来儿童反贫困政策的演变历程,为我国的儿童反贫困道路提供进一步思考。

[关键词]　儿童贫困;反贫困;社会政策

[中图分类号]　C913.7　[文献标识码]　A

[作者简介]贺小林,中共上海市委党校(上海行政学院)副教授,硕士生导师,主要研究方向为:社会管理与社会政策。温洁,中共上海市委党校硕士研究生。

本文为 2019 年度上海市哲学社会科学规划智库专项后期资助课题(编号 2019TFB024)成果。

一、引　言

　　儿童期是个人成长发展的重要阶段,是国家和社会的希望和未来,从一般意义上讲,儿童陷入贫困首先表现为物质条件的匮乏,这在一定程度上阻碍儿童身心的健康发育;其次他们在成长过程中缺乏良好的教育,能力的欠缺使其在劳动力市场中处于劣势地位,资源的短缺进而束缚后代的发展,形成贫困的代际传递。①关注儿童贫困,一定程度上是从根本上消除贫困、促进社会公平以及推动阶层流动。从理论上来说,儿童贫困并非儿童个体选择的结果,在很大程度上受到其家庭成员行为的影响,即贫困者会因为贫困产生心理压力,做出对子女投资的错误决策,进而导致代际贫困传递、贫困聚集等各种形态的贫困均衡(方迎风,2019)。贫困会影响家庭对儿童的健康与营养投入,他们拥有较低的食品支出,使得儿童的营养状况不容乐观,医疗健康无法得到保障;贫困也会影响父母对孩子的教育投入,人力资本的不足会使其逐渐丧失市场竞争力,影响儿童未来的职业选择与发展。随着时间的推移,贫困的代际传递将不断加深,形成稳定而持久的贫困,同时儿童也受到所在地区贫困行为的影响,例如贫困地区落后的文化、基础设施、社交网络不利于儿童发展。

　　近年来,学者们逐渐认识到儿童贫困问题的重要性,进行了一些研究,研究对象主要集中在农村留守儿童(高翔,2014;李洪波,2017;黄铁苗、徐常建,2018;吕文慧,2018),也有一部分学者关注城市贫困儿童(联合调查组,2000;陶传进、栾文敬,2011)。随着流动人口数量的不断增加,同时全国流动人口的平均贫困率达到15.2%,比常住人口的平均贫困率高出50%。②还有一些学者开始关注城市

---

　　① 贫困的代际传递主要是指家庭因物质、资源的匮乏以及观念落后所导致的贫困在父代与子代之间持续传递(方迎风,2019)。
　　② 国家卫生计生委流动人口司:《中国流动人口发展报告2016》。

流动人口中的贫困儿童（樊秀丽、吕莘，2016）。对于儿童贫困问题的研究主要集中在以下几个方面：一是儿童贫困的表现，主要体现在物质上的匮乏、情感上的缺失、资源与权利的被剥夺（秦睿、乔东平，2012）。二是儿童贫困的测度，例如以家庭收入低于当地低保为标准的测度方法以及借鉴国外 A-F 多维贫困测算框架的方法（李晓明，2017）。三是儿童贫困的原因，最重要的是家庭原因，家庭的规模大小、构成状况、家庭特征、父母的就业和收入等因素都会增加儿童陷入贫困状态的风险。除此之外，我国城乡结构下的户籍制度的歧视性和分割效应也是产生贫困儿童的一大推动力。四是儿童反贫困的对策，当前主要包括支持贫困家庭的社会保护政策与针对贫困儿童自身成长与发展的支持政策。但是，当前的研究鲜有对新中国成立以来儿童反贫困社会政策的综合，在 2020 年之后绝对贫困的消失并不意味着反贫困工作的结束，儿童将面临新的贫困问题。为此梳理和综合新中国成立以来儿童反贫困政策的演变历程，总结经验与不足，为我国的儿童反贫困道路提供进一步的思考至关重要。

二、儿童反贫困政策的演化逻辑

（一）儿童反贫困政策的历史变迁

1. 以社会救济为主的计划经济时期（1949—1978 年）

在新中国成立初期，中国处于普遍贫困的状态，主要通过社会救济的手段来提供暂时性和补偿性的救助，这一时期的儿童主要依托于家庭，并没有明确的反贫困政策被提出，但社会保护政策与社会照顾政策的事实，在一定程度上能够减少儿童的贫困发生率。在城市，政府一般以家庭为单位，对贫困儿童实行社会救济，尤其是随着单位制的出现，由单位建立的托儿所等附属组织承担起一部分对儿童照料的功能。在农村地区，随着三大改造的完成，则通过生产集体的力量对儿童加以保护（李迎生，2006）。

2. 儿童主体凸显的市场经济时期(1979—2012 年)

这一时期的社会政策始终关注儿童教育问题,从"希望工程"到"国家贫困地区义务教育工程",为贫困地区提供硬件设施,此外还为贫困生免费提供教科书、给予生活费补助。同时开始关注儿童发展,1992 年,国务院颁布了《九十年代中国儿童发展规划纲要》,这是我国第一部以儿童为主体、促进儿童发展的国家行动计划,其中指出:要保护困难条件下的儿童,分别对残疾患儿、离异家庭的儿童与经济不发达地区儿童的生存、保护与发展进行了规定。进入 21 世纪以来,国家先后制定了两个儿童发展纲要,致力于促进儿童全面发展,但尚未出台面向贫困儿童的发展规划。

3. 儿童反贫困得到重视的"精准扶贫"时期(2013 年至今)

随着"精准扶贫"政策的出台,国家对于贫困群体的界定更加精确,2014 年,国家出台了《国家贫困地区儿童发展规划(2014—2020 年)》,政策对象为集中连片特殊困难地区 680 个县从出生到义务教育阶段结束的农村儿童。同时,对于贫困儿童教育的规定更加完整,全方位加强教育脱贫。在 2015 年《中共中央国务院关于打赢脱贫攻坚战的决定》中,国家高度重视各个阶段的教育问题,提出了一系列措施致力于阻断贫困代际传递,建立学前教育资助制度,稳步推进贫困地区农村义务教育阶段学生营养改善计划,为贫困地区乡村学校定向培养老师,落实连片特困地区乡村教师生活补助政策,免除家庭经济困难高中生的学杂费等。

(二) 儿童反贫困政策的演变逻辑

一方面,从历史的角度来说,儿童反贫困政策是随着贫困形态的变化而发展的。随着经济社会发展与人们需求层次的提高,人类社会的主要贫困形态,大体上沿着生存型贫困、温饱型贫困到发展型贫困的路径演变。贫困主形态的这种演进趋势,是人类需求层次变化规律决定的。马斯洛的需求层次理论将人类需求分为生理需求、安全需求、社交需求、尊重需求和自我实现需求五个递进的层

表 1　改革开放以来儿童反贫困的社会政策

时间	政策文件/项目	类型	具体内容
1989 年	希望工程	儿童教育	资助贫困失学儿童入学。
1992 年	《九十年代中国儿童发展纲要》	儿童生存、儿童教育	在经济不发达的农村和人口居住分散、交通不便的山区、牧区要利用多种形式进行学前教育；经济特别困难的地区，首先普及小学三年和四年的教育；继续实施"希望工程"，帮助家庭经济困难的儿童就学。
1995 年	国家贫困地区义务教育工程	儿童教育（义务）	补助贫困地区农村小学、初级中学及办好的农村的初级职业中学修建校舍、购置教学仪器、图书资料及课桌凳。
1998 年	《关于贯彻十五届三中全会精神促进教育为农业和农村工作服务的意见》	儿童教育（义务）	重点抓好贫困地区的"两基"工作，切实解决适龄儿童尤其是女童的辍学问题和人口的脱盲问题。
2001 年	《中国儿童发展纲要（2001—2010 年）》	儿童医疗、儿童营养	多渠道设立贫困家庭的疾病救助基金，帮助特困家庭孕产妇和儿童获得必要的医疗救助；在贫困地区做好儿童保健工作，流动人口的干预工作。
2004 年	《对农村义务教育阶段家庭经济困难学生免费提供教科书暂行管理办法》	儿童教育（义务）	对农村义务教育阶段家庭经济困难学生实行免费提供教科书。
2010 年	《国家中长期教育改革和发展规划纲要（2010—2020 年）》	儿童营养、儿童教育（义务）	加大对贫困地区义务教育的转移支付力度；家庭经济困难学生资助；启动贫困地区农村小学生营养改善计划。
2011 年	《中国儿童发展纲要（2011—2020 年）》	儿童教育（学前）、儿童医疗、儿童生存	资助家庭经济困难儿童接受普惠性学前教育；为贫困和大病儿童提供医疗救助；完善城乡居民最低生活保障制度，通过分类施保提高贫困家庭儿童生活水平；重点扶持贫困地区儿童发展。

（续表）

时　间	政策文件/项目	类　型	具体内容
2011 年	《关于建立学前教育资助制度的意见》	儿童教育（学前）	切实解决家庭经济困难儿童入园问题。
2011 年	学生营养改善计划	儿童营养	中央财政先后拨款解决贫困地区学生吃饭经费不足的问题。
2012 年	《国务院关于深入推进义务教育均衡发展的意见》	义务教育、儿童生存	重点为贫困地区补充紧缺教师；落实好城市低保家庭和农村家庭经济困难的寄宿学生生活费补助政策。
2012 年	儿童营养改善计划	儿童营养	为国家集中连片特困地区 6—24 月龄婴幼儿每天免费提供 1 包辅食营养补充品，加强对家长科学喂养指导和健康教育。
2014 年	《国家贫困地区儿童发展规划（2014—2020 年）》	儿童营养、儿童教育、儿童医疗	针对集中连片特殊困难地区 680 个县从出生到义务教育结束的农村儿童，提高其健康和教育等方面的发展水平。
2015 年	《中央财政支持学前教育发展资金管理办法》	儿童教育（学前）	设立"幼儿资助"类项目资金用于资助普惠性幼儿园在园家庭经济困难儿童。
2015 年	《中共中央国务院关于打赢脱贫攻坚战的决定》	儿童教育、儿童营养	完善学前教育资助制度，义务教育阶段营养改善计划、教师生活补助政策，免除学杂费等。
2016 年	《关于加强困境儿童保障工作的意见》	儿童生存、儿童医疗、儿童教育	包括因家庭困难导致生活、就医、就学等困难的儿童。
2018 年	《深度贫困地区教育脱贫攻坚实施方案（2018—2020 年）》	儿童教育	帮助农村贫困家庭幼儿就近接受学前教育，采取多种方式鼓励普惠性民办幼儿园招收建档立卡贫困学生。

注：由于儿童反贫困对策散见于多个社会政策之中，因而包含不特定针对贫困儿童制定的社会政策。本表格为笔者自制。

次,随着生活的改善,贫困群体的需求也将从最底层次的生理需求往更高层次的其他需求逐级提升。

在新中国成立初期,很多人面临着生存型贫困。①受益于改革开放带来的红利,在食物和衣物的供给得到最低限度的保障后,贫困将不再面临生存上的威胁,从而摆脱生存型贫困。但是由于抵御外部风险能力弱,刚消除生存威胁贫困者的生活不稳定,生活水平依然很低,在较长一段时期内,他们将处于生活困难的温饱型贫困状态。随着改革开放的不断推进,以及扶贫工作的持续开展,生存型贫困与温饱型贫困将在很大程度上得到解决,尤其是在 2020 年绝对贫困被消除之后,民众将更多地面临发展型贫困,即"在较好解决了吃饭、穿衣、经济、文化等基本生活问题的前提下,个体因如何谋求社会生活的进一步发展而面临的一种发展相对缓慢的生活状态"(谭贤楚、朱力,2012)。

在这样的贫困形态演变过程之下,儿童面临的贫困问题及反贫困政策也不例外。在新中国成立初期,很多的家庭处于无法满足温饱的状况,其儿童更是衣食短缺,甚至有许多儿童夭折,社会救济也势必致力于人类的基本生存保障。随着改革开放的推进,儿童生存贫困的情况有所好转,因而社会政策开始一方面致力于新生儿死亡率、婴儿死亡率、儿童死亡率、儿童营养不良发生率的降低上,另一方面开始关注儿童教育问题,如 1989 年的"希望工程"、1995 年的"国家贫困地区义务教育工程"等,都是国家对贫困地区儿童的进一步发展所做出的努力。进入 21 世纪以来,中国已经出台了关于促进儿童发展的纲要,2014 年由国务院颁布的《国家贫困地区儿童发展规划(2014—2020 年)》在新生儿出生健康、儿童营养改善、儿童医疗卫生保健、儿童教育保障等方面都制定了相应的策略措施,致力于促进贫困地区的儿童发展。

① 即一国经济发展水平较低时面临的贫困主形态,主要指贫困群体缺少基本生活所需的物质资料、无法维持基本生计的赤贫状态。

　　随着生存型贫困向发展型贫困的不断过渡,儿童的反贫困政策相应地从解决生存与温饱问题转向解决进一步发展的问题,而基本生活标准以及测量更容易进行量化,发展的内涵以及指标却是一个综合复杂的问题,而在 2020 年之后,贫困儿童的发展问题将成为重点,尤其是目前较少被关注的儿童早期发展问题,未来关于儿童反贫困政策的制定必将更加具有挑战。

　　另外,从政策本身的角度来说,我国儿童反贫困政策的演变有以下几个特点:第一,从政策主体的角度来说,政府发挥主导作用,社会力量逐渐参与。政府不仅作为政策制定的主体,也将大量的资金投入于儿童反贫困事业,在"国家贫困地区义务教育工程"中,中央教育补助专款投入资金超过 10 亿元;2004 年中央财政设立专项资金,对农村义务教育阶段家庭经济困难学生实行免费提供教科书;2011 年中央财政先后拨款 160 亿元用于解决 2 600 万贫困地区学生吃饭经费不足的问题,政府的财政支出保障着儿童反贫困的顺利推进。除了居于主导地位的政府,社会力量也在逐渐介入,在《国家贫困地区儿童发展规划(2014—2020 年)》中,政府开始鼓励采取政府向社会力量购买服务的方式实施儿童发展项目,并且积极引导各类公益组织、社会团体、企业和有关国际组织参与支持贫困地区儿童发展。此外,政府的灵活性也在不断增强。在相关政策推行初期,均由中央财政设立专项资金进行帮扶,在 2011 年《关于建立学前教育资助制度的意见》中,指出对于家庭经济困难儿童的入园问题,具体资助方式和资助标准由省级政府自行制定,中央财政根据地方出台的资助政策、经费投入及实施效果等因素予以奖补。这种方式不仅提高了地方政府的积极性,而且能够为地方政府所在地的贫困儿童提供更加合适的资助方式,使帮扶效果最大化。

　　第二,从政策对象的角度来说,儿童的主体性不断得到凸显。新中国成立之初,儿童依附于家庭,儿童贫困问题并未受到过多的关注,也并未被纳入国家反贫困体系之内。1992 年出台的《九十年代中国儿童发展规划纲要》是我国第一部以儿童为主体、促进儿童发展的国家行动计划,2014 年出台的《国家贫困地区儿童发展规划 (2014—2020 年)》更是将政策对象聚焦在贫困儿童群体,儿童的主体性不断得到凸显。而此时不同儿童的特殊性却未受到重视,例如义务教育阶段的儿童受到的关注更多,"国家贫困地区义务教育工程"、《对农村义务教育阶段家庭经济困难学生免费提供教科书工作暂行管理办法》《国务院关于深入推进义务教育均衡发展的意见》《关于加强义务教育阶段农村留守儿童关爱和教育工作的意见》等诸多政策所面向的主体都是义务教育阶段的儿童,而婴幼儿以及学前教育阶段的儿童享受到的社会政策则相对较少。但是进入 21 世纪以来,学前阶段儿童的重要性也在逐渐地凸显,例如 2012 年实施的"儿童营养改善计划"所面向的就是国家集中连片特殊困难地区 6—24 月龄婴幼儿,2015 年《中央财政支持学前教育发展资金管理办法》也对家庭经济困难儿童提供相应的资助。儿童早期发展至关重要,是消除贫困、打破贫困代际循环的重要社会干预手段。①在未来的儿童反贫困政策中,要更加注重学前年龄段的儿童,注重其早期发展。

第三,从政策内容的角度来说,内容不断丰富、成果较为显著。以义务教育贫困儿童为例,经历了从硬件设施到"软硬兼施"的递进,国家通过"希望工程"为其提供资助建立了学校场地,通过"国家贫困地区义务教育工程"为其购置教学仪器、图书资料及课桌凳等硬件设施,后来为农村义务教育阶段家庭经济困难学生实行免费提供教科书,又为贫困地区培养和输送义务教育阶段的老师,以及最大限度地向贫困地区倾斜教育资金,这些措施不断地为义务教育阶段的贫困儿童保驾护航。另外,随着义务教育的不断完善学前教育、儿童营养、儿童医疗救助等内容也不断增加,并且取得了显著的效果,例如"儿童营养改善计划"为贫困婴幼儿每天免费提供 1 包辅

---

① 杜智鑫、卢迈:《探索儿童发展的中国式新路——为了中国最贫困和弱势 20％儿童的中国梦》。

食营养补充品,加强对家长科学喂养指导和健康教育。截至 2018 年底,该计划已覆盖 715 个国家级贫困县,累计 722 万名儿童受益。监测地区 2017 年 6—24 个月婴幼儿平均贫血率和生长迟缓率与 2012 年相比分别下降了 46.5% 和 36.6%,有效改善了贫困地区儿童营养状况。[1]

三、消除绝对贫困之后的新问题

当前我国贫困儿童总体上摆脱了绝对贫困,农村儿童贫困发生率总体呈下降趋势[2],但相比城市贫困儿童而言,农村地区贫困儿童的生活质量仍然较低,尤其是居住在农村偏远地区和少数民族聚居区的儿童,他们由于家庭贫困、家庭劳动力转移到城镇、扶养人教育水平低、当地公共服务设施不完善等因素,更容易陷入多维贫困。结合不同学者的实证研究,最突出、最严重的是营养维度、卫生维度的贫困。在营养健康方面,儿童存在生长迟缓、营养不良的风险,经调查显示,2017 年贫困地区儿童生长迟缓率、低体重率、贫血率约为城市的 4—5 倍、农村的 1—2 倍[3];在生活条件方面,以湖北贫困片区儿童为例,65.1% 的儿童家中没有干净的卫生设施,29.7% 的儿童无法获得安全饮用水(张克云,2017)。此外,在教育方面,家庭教育普遍缺失,隔代长辈的陈旧教育理念和方式会在一定程度上影响儿童发展,学前教育的受重视程度普遍较低,在集中连片特困地区,学前三年毛入园率普遍在 50% 以下,不少贫困县仅为 30%—40%(庞丽娟,2016),儿童早期(0—3 岁)教育状况更是不容乐观,在贫困农村地区几乎一片空白。而教育的缺失将导致留守儿童的能力不足,只能选择在家务农,或者跟随父辈外出务工,成为第二代农民工,造成贫困的恶性循环,也就是所谓的贫困代际传递。代际贫困

---

[1] 中国妇幼健康事业发展报告(2019)。
[2] 国家统计局:《中国农村贫困监测报告》。
[3] 《中国发展报告 2017:贫困与儿童早期发展》。

是指在一定的情况下,经济的贫困、资源的短缺、教育的可获得机会小,导致贫困在代与代之间难以截断,不断遗传和连接(徐永春,2017)。当贫困的代际传递愈发稳固且持久,会进一步造成阶层固化,甚至形成根深蒂固的贫困文化,不利于社会的进步与发展。在医疗保险方面,虽然国家大力推进健康扶贫取得了明显成效,但因病致贫的贫困人口占比仍然保持在40%以上,其中儿童群体的致贫返贫问题最为严重(丁洁,2019)。在儿童照顾与保护方面,留守儿童普遍缺乏家庭照顾,娱乐方式以手机为主,缺少父母的生活照料和亲情陪伴,亲情缺位使得其心理问题相对突出。

在2020年之前的反贫困实践中,中国对贫困儿童采取的一些政策措施使得儿童贫困得到了一定程度上的缓解。在过去二十年里,中国的儿童发育迟缓率下降了54%,这意味着因营养不良或疾病导致无法健全成长和发育的儿童数量比20年前减少了800万。[1]同时,儿童的卫生保健、安全饮用水和基本环境卫生条件也得到了明显改善。然而,现行儿童反贫困政策还有许多不足甚至空白之处,总体来说,扶贫还缺少儿童主体意识,缺乏把儿童作为权利主体的有效扶贫方法和相关政策,具体来说体现在以下几个维度:从营养健康的角度来说,贫困地区儿童营养改善项目使得2岁以下婴幼儿的营养健康问题得到了一定程度的解决,农村义务教育学生营养改善计划也覆盖了所有而国家扶贫工作重点县,而学龄前贫困儿童(3—6岁)的营养问题尚未很好地解决,相关营养改善政策亟待出台。在教育方面,政府通过撤并农村中小学以优化教育资源的配置、改善教育环境,但由于上学路途遥远、交通不便和个人厌学等因素,教育资源增加与整合的成效大打折扣,部分家庭的教育成本随着学校距离的增加而增加,交通费用或是前往临近县镇陪读都在一定程度上使得贫困家庭的经济负担加重,部分贫困农村地区仍然存在义务教育阶段儿童超龄入学或失学辍学现象;对于贫困家庭的流动儿童

---

[1]　http://www.savethechildren.org.cn/news/2094。

来说,尽管政府不断完善关于禁止歧视流动人口子女方面的政策法规,20％的义务教育阶段流动儿童仍只能选择在民办学校就读,包括质量较差的打工子弟学校①,流动儿童的教育质量堪忧。对于残疾儿童来说,教育政策存在更多空白之处,各年龄段教育参与水平仍然有待提高。同时,贫困儿童的医疗保障政策有待完善,现行儿童医保报销的限制仍然较多,受报销比例、保障额度、病种、地域等因素的限制,大部分家庭的医疗费用负担仍然是巨大的。此外,我国对于留守儿童、流浪儿、孤儿、弃儿等家庭的儿童的保护措施还不完善,存在关爱机构建设不到位、人员配备不充足、社会力量参与度不够广泛等问题。②

四、2020 年后儿童反贫困政策的发展方向

当前,国际组织与其他国家在反贫困实践中也很重视减缓儿童贫困,例如联合国儿童基金会致力于为每一名儿童争取权利,为其寻求安全住所、食物营养、免受灾害和冲突以及提供平等的机会。③部分发达国家实行儿童津贴政策,每个月给孩子 250 美元来代替现有的父母税收抵免,儿童贫困率能够下降 40％(Covert Bryce,2018)。部分中低收入国家实施致力于女童、减贫、粮食安全和基础设施发展的政策,改善教师的部署和生活条件,鼓励贫困家庭送孩子上学(Ahmed Syed Masud et al., 2016)。

结合国外儿童反贫困政策的经验,在 2020 年之后,我国儿童反贫困政策可以进行如下展望:对于 2020 年后减缓儿童贫困的工作,总体来说,要将农村尤其是农村贫困地区作为儿童反贫困主阵地,建立相对独立于成人的儿童多维贫困监测识别体系与反贫困政策体系,将社会保护政策作为缓解儿童贫困的重要手段,将极度弱势

---

① 《中国儿童发展指标图集(2018 年)》。
② http://finance.sina.com.cn/roll/2019-05-27/doc-ihvhiews4936097.shtml.
③ 联合国儿童基金会官方网站。

表2　国外儿童反贫困的相关社会政策

国　　家	政策类型	具体内容
美　国	儿童照料	建立儿童看护帮助、儿童抚养费制度。
	儿童政策(早期营养)	特别补充营养项目(5岁以下婴幼儿);"学校免费早餐计划"。
	儿童政策(早期教育)	面向低收入家庭的学前教育"开端计划"。
英　国	社会转移支付	儿童补助政策,针对贫困的单亲家庭提供现金补助或税收优惠。
	综合性政策	"确保开始"政策,保证到2020年全面消除英国儿童贫困问题,确保所有儿童都能有一个公平的发展机会。
日　本	儿童补贴	针对子女教育费支付困难的家庭,由政府根据中小学校的收费标准,在教材费、学校伙食费、上学交通费等方面给予补助。
	综合性政策	《儿童贫困对策法》《儿童贫困对策大纲》,以"切断贫困代际传递"为目标。
法　国	家庭补贴	家庭津贴政策,主要包括基本生活津贴、儿童早期津贴和特殊津贴。
阿根廷	儿童补贴	普惠型儿童津贴
巴　西	家庭补贴	早期家庭救助金计划
	儿童政策(早期发展)	"亲爱的巴西"婴幼儿扶贫计划
菲律宾	社会转移支付	有条件的转移支付计划(4Ps项目)
加拿大	儿童补贴	儿童税收福利制度
澳大利亚	儿童政策(早期教育)	"学前教育普及计划"

资料来源:笔者根据相关文献内容自行整理绘制。

儿童(例如流浪儿童、残障儿童、未进行户口登记儿童等难以实施救助或脆弱性较强极易返贫的儿童)置于政策干预的最优先位置,制定适应与体现年龄阶段需求特点的政策体系(如0—3岁早期、4—6岁学前期、7—15岁义务教育期等),尤其是建立完善儿童早期发展的相关政策。具体而言,可以从以下几个维度完善反贫困政策:首先,面对最直接影响儿童身体发育的营养问题,国家要加快出台面向 3—6 岁学龄前贫困儿童的特别营养补充计划,聚焦深度贫困地区的同时也要扩大到所有贫困地区,同时实行营养补给标准与范围的动态化,对不同受助对象根据营养的不同制定不同补助标准,根据人们生活水平及营养要求的提高而改善;也可以通过税收优惠、减免租金等方式支持食品生产企业在贫困地区的发展,为贫困儿童提供营养方面的物质支持。其次,教育的重要性不容忽视,对于农村贫困地区而言,政府要进一步加大教育资源的投入力度。一方面,是扩大教育资金的投入,在进一步落实好"两免一补"政策①的基础上,对上学路途遥远、交通不便的贫困儿童加大补助,在一定程度上缓解其所在家庭的经济负担;通过资金扶持鼓励社会力量举办打工子弟学校以及残障儿童学校,为流动儿童及残障儿童提供更好的教学环境以及更加完备的教学设施以及师资力量;面对不同年龄段儿童的教育需求,尤其是重视早期教育,政府可以稳步推进学前教育免费制度②,资助更多的学前阶段儿童接受早期教育,也可以通过购买社会组织服务的方式,扩大普惠性学前教育资源,提供科学的早教服务,同时提供后续监督保障问责机制,为学龄前儿童提供更加完善的教育环境。另一方面,更要提高对教育质量的投入,例如针对贫困地区学生进行的课程改革,在提高贫困学生入学率的基础上,进一步大规模提升教育质量和教育的针对性,提升其学习潜能,使学生掌握必备的学习与发展技能,注重儿童综合素质的开发而非局限于应试教育。再次,贫困儿童医疗保险制度的完善同样至关重要,扩大贫困儿童大病医保的范围,同时对公益组织设立的慈善基金会给予资金支持与政策鼓励,对成功试点经验进行推广,

---

① 对农村义务教育阶段家庭经济困难学生免费提供教科书、免杂费并补助寄宿生生活费的一项政策。

② 学前教育免费制度,是指在当前我国国家与地方财力有限的情况下,以提升公平与普及为目的,按照"基本性"和"适宜性差别投入"原则,重点对中西部地区、革命老区、民族地区、边疆地区、贫困地区等学前教育普及困难地区或儿童实施的免收一定年限或项目费用的学前教育基本保障制度(庞丽娟,2016)。

例如卓尔 & 爱佑贫困儿童医疗救助计划①、"乡村儿童大病医保"模型②等。复次,对于留守儿童来说,他们不得已缺少父母的陪伴,政府要承担起一部分责任,进一步完善留守儿童成长中心、儿童之家等场所对其进行关爱,大力鼓励志愿者和慈善组织参与。最后,对于极度弱势儿童,探索建立儿童社会保护"检测预防、发现报告、帮扶干预"感应机制③,充分发挥基层儿童工作者在困境儿童关爱保障服务体系建设中的支撑作用,落实儿童福利机构向贫困家庭残疾儿童开放,研究适合孤儿身心发育的养育模式。

参考文献

[1] 陈银娥.社会福利制度反贫困的新模式——基于生命周期理论的视角[J].外国经济学说与中国研究报告,2011(00):120—125.

[2] 樊秀丽,吕莘.城市中流动的贫困儿童与教育——学校能做什么?[J].广西民族研究,2016(04):2—9.

[3] 方迎风.行为视角下的贫困研究新动态[J].经济学动态,2019(01):131—144.

[4] 冯锋,周霞.政策试点与社会政策创新扩散机制——以留守儿童社会政策为例[J].北京行政学院学报,2018(04):77—83.

[5] 高翔.美国儿童照顾政策述评——兼论对中国儿童照顾政策的意义[J].晋阳学刊,2013(03):95—100.

[6] 高翔.农村低收入家庭留守儿童的整体性忽略[J].东岳论丛,2014,35(01):18—24.

[7] 何锋.20世纪以来美国联邦政府"反儿童贫困"政策的演变及启示——促进儿童健康的角度[J].教育理论与实践,2015,35(13):25—29.

[8] 黄铁苗,徐常建.关于健全农村留守儿童关爱服务体系的思考[J].行政

---

① 计划设立3 000万元慈善基金,为孤贫病患儿童提供多病种医疗救助,全国符合条件的贫困患儿均可申请。
② "政府+公益组织+保险公司"的"乡村儿童大病医保"模型,作为新农合和国家大病保险之上的补充医疗保障方案,有效缓解了乡村大病患儿家庭因病致贫返贫问题。
③ 《国家贫困地区儿童发展规划(2014—2020)》。

管理改革,2018(10):64—68.

[9] 纪秀君.重视儿童早期发展是反贫困突破口[N].中国教育报,2017-10-01(002).

[10] 姜妙屹.试论我国家庭政策与儿童政策相结合的儿童优先脱贫行动[J].社会科学辑刊,2019(04):96—103.

[11] 李洪波.精准扶贫视野下农村留守儿童的权益保障[J].学术交流,2017(04):145—149.

[12] 李伟.在第六届反贫困与儿童早期发展国际研讨会上的致辞[N].中国经济时报,2018-11-07(001).

[13] 李晓明,杨文健.儿童多维贫困测度与致贫机理分析——基于 CFPS 数据库[J].西北人口,2018,39(01):95—103.

[14] 李迎生.弱势儿童的社会保护:社会政策的视角[J].西北师范大学报(社会科学版),2006(03):13—18.

[15] 联合调查组.城市贫困家庭儿童生活状况与需求——来自上海市的调查[J].中国人口科学,2000(05):71—77.

[16] 林卡,李骅.隔代照顾研究述评及其政策讨论[J].浙江大学学报(人文社会科学版),2018,48(04):5—13.

[17] 吕文慧,苏华山,黄姗姗.被忽视的潜在贫困者:农村留守儿童多维贫困分析[J].统计与信息论坛,2018,33(11):90—99.

[18] 吕学静.日本社会救助制度的最新改革及对中国的启示[J].党政视野,2016(07):23.

[19] 庞丽娟,孙美红,王红蕾.建立我国面向贫困地区和弱势儿童的学前教育基本免费制度的思考与建议[J].教育研究,2016,37(10):32—39.

[20] 秦睿,乔东平.儿童贫困问题研究综述[J].中国青年政治学院学报,2012,31(04):41—46.

[21] 史威琳.社会保护政策及其对缓解儿童贫困的作用[J].新视野,2010(02):30—32.

[22] 宋雄伟.英国"确保开始"政策述评[J].国家行政学院学报,2011(06):119—123.

[23] 宋扬,王暖盈.生命周期视角下收入主导型多维贫困的识别与成因分析[J].经济理论与经济管理,2019(03):70—83.

［24］唐超，罗明忠，张苇锟.70 年来中国扶贫政策演变及其优化路径［J］.农林经济管理学报，2019，18(03)：283—292.

［25］陶传进，栾文敬.我国城市贫困儿童的现状、问题及对策［J］.北京行政学院学报，2011(03)：103—106.

［26］汪燕敏，金静.长期贫困、代际转移与家庭津贴［J］.经济问题探索，2013(03)：10—15.

［27］王晶晶.探索农村儿童发展干预模式　打破贫困代际传递［N］.中国经济时报，2018-05-29(002).

［28］王晶晶.重视贫困地区儿童早期发展　促进教育公平［N］.中国经济时报，2019-01-29(001).

［29］姚虎.如何建构贫困地区留守儿童关爱保护机制［N］.中国社会报，2018-04-28(002).

［30］岳经纶，范昕.中国儿童照顾政策体系：回顾、反思与重构［J］.中国社会科学，2018(09)：92—111＋206.

［31］岳经纶，张孟见.社会政策视阈下的国家与家庭关系：一个研究综述［J］.广西社会科学，2019(02)：61—66.

［32］张晓娜.全国政协委员冀永强：应高度重视贫困地区农村儿童营养健康问题［N］.民主与法制时报，2019-03-12(003).

［33］赵定东，方琼.新中国成立以来农村反贫困政策的层次结构与历史变迁［J］.华中农业大学学报(社会科学版)，2019(03)：1—10＋158.

［34］赵媛.儿童早期发展干预至关重要［N］.中国社会科学报，2016-11-04(003).

［35］周秀平.优先发展贫困地区儿童教育需要合力［N］.中国教育报，2018-12-04(002).

［36］左停，金菁."弱有所扶"的国际经验比较及其对我国社会帮扶政策的启示［J］.山东社会科学，2018(08)：59—65.

［37］Ahmed Syed Masud, Rawal Lal B, Chowdhury Sadia A, Murray John, Arscott-Mills Sharon, Jack Susan, Hinton Rachael, Alam Prima M, Kuruvilla Shyama. Cross-country analysis of strategies for achieving progress towards global goals for women's and children's health［J］. Bulletin of the World Health Organization, May 2016，Vol.94 Issue 5.

［38］Bartram Samantha. The Children's Champion［J］. Parks & Recreation. Oct. 2014, Vol.49 Issue 10.

［39］Çakır Metin mcakir, Beatty Timothy K M, Boland Michael A, Park Timothy A, Snyder Samantha, Wang Yanghao. Spatial and Temporal variation in the Value of the Women, Infants, and Children Program's Fruit and Vegetable Voucher［J］. American Journal of Agricultural Economics. Apr. 2018, Vol.100 Issue 3.

［40］Covert Bryce. A Simple Plan［J］. Nation, 12/17/2018, Vol. 307 Issue 1.

［41］Shimeles Abebe, Verdier-Chouchane Audrey. The Key Role of Education in Reducing Poverty in South Sudan［J］. African Development Review. Oct. 2016 Supplement, Vol.28.

对话与争鸣

复旦大学人文社会科学融合
创新跨学科对话第一期
——"新时代国家治理模式与治理能力建设"

时间:2019 年 11 月 20 日 13:00—15:00

地点:复旦大学 1 号楼文科科研处 321 会议室

参与人员:

顾东辉(复旦大学文科科研处处长、社会发展与公共政策学院教授)

罗长远(复旦大学文科科研处副处长、经济学院教授)

陈　杰(上海交通大学国际与公共事务学院教授)

杜　宇(复旦大学法学院教授)

范剑勇(复旦大学经济学院教授)

顾丽梅(复旦大学国际关系与公共事务学院教授)

陆　铭(上海交通大学安泰经济与管理学院教授)

任　远(复旦大学社会发展与公共政策学院教授)

张涛甫(复旦大学新闻学院教授)

赵德余(复旦大学社会发展与公共政策学院教授)

罗长远:我们组织这个会议的目的是重启复旦大学的跨学科对话。初步决定每个月组织一次活动,每期有一位召集人,第一期的召集人是赵德余教授。学校文科科研处负责给大家服务,对话成果希望有机会在校刊上发布。为了组织这次活动,赵德余教授前前后后做了很多准备工作,顾东辉处长也与我们沟通过多次。感谢各位新老朋友的支持,大家热情回应并愿意为跨学科对话的开启站台。今天的会议分上半场和下半场,上半场主题为"司法、新闻传播与政府治理",时间交给"金牌主持"陆铭教授。

上半场(主题):"司法、新闻传播与政府治理"

陆铭:每人十分钟左右,然后最后讨论。杜宇老师先讲。

杜宇:非常高兴参加活动。非常感谢涛甫兄,让我有当上主任的感觉。重启这样的讨论,非常有远见卓识。促进学科融合,跨学科的知识交融、跨学科的交流、方法是有必要的。总体来说,跨学科交流、学术共同体的形成就是一群志同道合的人围绕着一个共同感兴趣的话题形成公共知识话语,是人与话语的共同体。

司法是纠纷的解决,带有强烈的社会治理的意味,不仅仅是个案处理问题。围绕个案处理有很多方面的意义。比如说社会治理方面,首先社会对纠纷的解决是放在人际关系背景下去讨论的,但是法律对纠纷的解决是规范性的,即根据法律规定,从规范出发,根据事实与规范之间关系的推导。社会学上对纠纷的解决是状况性解决。我与桂勇教授一直有联系,就是基于这样的平台。他研究社会抗争,实际是广义的社会纠纷。其次,我发现社会学上对纠纷的解决更关注纠纷背后的广泛的人际背景,通过纠纷解决对人际关系的互动产生什么效应,它并不关注纠纷解决的准则是什么,一定以国家的法律为依据来解决,它并不是这样。法律上特别讲究纠纷解决的一致性,这个纠纷这样解决,以后类似纠纷出现也这样解决,不能由完全不同的规则来解决。社会学上的状况性解决相对来说不追求纠纷解决的一致性、稳定性。第三,法律的解决是刚性的,要么是这样,要么不是这样,要么与规范相融,要么法律解决不了,它是一刀两断的解决;状况性的解决是柔性的解决,在法律上是比较模糊的,在逻辑上难以理解的,和稀泥式的解决,不太为法律解决理解。如果把纠纷解决放在法学和社会学交叉的背景下,会相互启发,有新的想法产生。纠纷解决在社会治理层面也有不同的意义,看将司法放在什么位置。我们通常说"司法是社会正义的最后一道防线"。现在看来,并非如此。司法解决不了的可以通过信访等解决。司法作为社会正义的最后一道防线——这一命题正在被挑战。原来是其他方式都无法解决,通过法院来解决,现在看来司法解决是技术化、政治化处理的前奏。

张涛甫: 非常怀念年轻岁月,随着现在年岁渐长,容易怀旧。当年我们在一起确实没有功利的想法,就是在一起有共同的话题。感谢这样的机会,在人生的道路上,志同道合、互相启发,这种模式也是非常好的。这大概也是复旦大学的传统,这个传统不一定是官方的,那段时光非常美好。这是第一点。第二,不知是否是年纪大了的原因,感觉到很多随着对自己专业介入越来越深,发现问题也越来越多。问题大的是,我们现在知识的生产、学科体制化的东西不断的加深,包括评价机制和利益分配机制是与专业相关的。最好的办法就是在自己的专业里找很窄的一个面打深井,迅速出成果。如果战线很长,从经济效率的角度,从产出回报的角度不一定很好。最好找到一个点写出高质量的文章,这样是不利于跨学科的发展的。现有的知识生产体制和学科建制是不利于跨学科研究。但是在社会转型期,很多社会问题不是按照学科的逻辑能够去做的,需要突破学科的边界。一方面要求专业化的东西,另一方面要保持弹性和开放性,怎样把握得好,是个共性问题。当年我们是个这样的组织,虽不是特别严密的组织,对于复旦大学这样的综合性大学来讲,各学科在一起,在学科生产最旺盛的时期、在学术想象最好的时期凑到一起,互相启发,非常的好。

从新闻的专业的角度讲,我们现在巨大的困惑就是,从新闻传播学来讲，我们始终有一种焦虑，新闻学始终有一种自卑感。学科范式稳定性、学理上的逻辑建构和知识体系的建构是不够的，这是我们的软肋。但从另一个角度讲，这恰恰是我们学科的长处。这个学科随时可以上车、随时可以下车。任何一个学科都可以到我们这个学科来，也可以出去，保持其开放性。我们学科现在正遭遇"千年未有之大变局"，即传媒技术对学科的全方位的颠覆，传媒技术引发的地震，几乎所有学科都受到了影响，但是我们学科在震中。以前好不容易巩固起来的知识、理论和方法，再次受到全面冲击。既然这个场景不再是专属学科的场景，而是所有学科都会涉及的场景，重新去界定哪些是边界、专属与独家话语权。我的建议是：既然问题的场景是开放性的，研究也是开放性的，因此我特别喜欢跨学科的研究。这两年，新闻学院也在努力，"传播与国家治理中心"的学者好多都是来自其他学科但都在这个中心进行研究，有很好的成果出来。再一个就是教育部设置的研究中心，这两年也是在做传播研究，涉及历史、哲学、社会学甚至城市规划。2019年10月份刚刚挂牌"全球传播全媒体研究院"，鼓励在跨学科基础上做研究，特别期待各位来帮助我们，如果有兴趣致力于新闻传播，特别是互联网新媒体的课题，我们可以一起做些有趣的事。复旦大学的未来肯定不是在我们这代人身上，期待更年轻的学者从各自专业就重大问题进行交流。今天的主题国家治理模式与治理能力，显然不是哪一个学科能够承载的，需要各个学科共同探索；也不是一时半会能解决的。若干年以后，若真能学科的成果出来、人才出来、也能为国家服务，就提升了。

顾丽梅：来到这里有回到家的感觉，发展与政策研究中心对我们个人的成长发挥了重要作用。当时每年都搞学术沙龙、主题研讨会。每年的学术年会还有一本书。后来中断了，很可惜。今天有这个机会再次聚在这里，真的挺好。这些年，国家、教育部关于这个题目的重大攻关项目也有很多，时间很短，我就自己的领域谈点看法。

在公共管理中,我想讲讲网络化治理。这与每个人切身利益相关,也是政府当下管理中的热门话题。大数据的发展,互联网、物联网、智联网的发展均与之密切相关。前段时间,中央电视台有个节目《App 法治何在?》。《新闻 1+1》节目中也讲到网络订餐、网络购物、微信使用等上网无处不在。比如,我们习惯比剪刀手自拍,现在的一些网络犯罪团伙,可以通过照片将指纹复制下来,从而产生信息安全隐患。还有飞机使用刷脸登机。上海虹桥机场也使用刷脸登机。大量信息被收集之后产生信息安全。特别是大量生物体征被收集后,存在安全隐患。很多小区都安装了刷脸机器。每个人的信息都会被记录。大量的信息被记录,对公共管理来说,是个巨大的挑战。限制信息采集或者对采集到的信息的使用规范,目前还没有。如果是政要或者金融大鳄更要因此担心生命财产问题。个人的隐私、生命财产安全也是问题。这样的信息采集在国外不太容易做到,但在中国的举国体制下就轻易做到了。机场、小区等收集大量信息,在我们知道或者不知道的情况下。这些信息到底带来什么? 便利,带了手机就很方便。这个也是数字化的时代。2016 年时,马云讲过,数字化时代的美好时代,可以刷脸的使用、智能社区的建设都是美好的,但是制度与政策是比较缺失的。如何在制度与政策缺失的情况下,管理好网络信息是当下最大问题。

第一,这个问题与网络化治理中的第三方组织密切相关。很多政府的治理无法完成,需要交给信息技术公司,比如美国的斯诺登事件,如果没有对信息的制约与监管就难免出现问题。第三方组织在政府治理中广泛存在,比如社区。第二,网络化治理中很突出的问题是协同政府。协同政府也是当下国家治理能力现代化中考虑的。目前中国搞了很多大部制改革,比如海关与边检合并等,问题是简单整合之后是否实现了协同。现在看下来,各部门机构之间只是简单地相加,未能实现内部职能的有效整合。今天的政府治理单靠某个部门已经无法解决,需要多个部门协同配合才能完成。政府管理就跟我们的跨学科研究一样,单个部门无法解决。我曾经去浦东新区的中高档社区调研,当年中组部推行组团式服务,浦东新区的一位年轻的处长对接这个中高档社区。小区绿化很好,但存在停车困难问题。小区大门的中间有根电线杆,影响人员进出,居民意见很大。这位处长爽快答应居民解决电线杆问题。电线杆是国网公司的,浦东新区无决定权;电线杆移动还涉及绿化、环卫、民防等若干部门。显然,单个部门无法解决。其实,对我们大学来讲,跨学科研究也许能找到很多启发。第三,在网络化治理中,公共选择成为重要话题。政治市场不仅是选民和选票,主要是用脚投票。公民参与欲望越来越高,对政府治理是很大的挑战。不管愿意与否,公共选择与公共参与势在必行,政府如何调整治理模式。当下的公民参与主要以维权为主,相对低水平的参与,但是公民参与的欲望越来越高。二者之间如何匹配是对当下政府治理能力的挑战。第四,分割式协调。网络化治理理念下,怎么协调?公共服务外包已成必然趋势。比如,复旦大学的网络平台外包给了技术公司。政府如何与外包企业等做好协调也是重要问题。分割式协调是在不同的组织类型中,协调的方式方法是不同的。与企业的关系、政府部门的关系等不同类型的协调。分割式协调考验政府的治理能力。第五,数字化革命。互联网向智联网的转向过程中,要防止《红旗法案》的产生。

下半场(主题):"产业组织、社会治理与城市发展"

赵德余:发展与政策研究中心的最后一棒交到我的手里,很快学校"985"项目结束了,学校对中心的资助也停止了。之后发展与政策研究中心转移到社会发展与公共政策学院,多年以来,我们一直坚持每年出版1—2期《复旦发展与政策评论》,至今已经出版了11期。希望中心的成员还能继续支持《复旦发展与政策评论》期刊,接下来,我们希望以各位中心成员作为期刊的固定编委,争取多个学院合作办刊,以逐步扩大《复旦发展与政策评论》在促进复旦大学跨学科交流与对话方面的影响力。

我深受跨学科交流的好处,自己的研究一直处在不同学科的边缘,不过,在不同的学科间总是个"学生",需要不断地学习新学科的新知识。这学期开了门课"公共政策的道德基础",整天在思考政策背后的道德逻辑。因为今天政府治理靠公共政策,而政策的正义性总是没法使用直观的数据来检验。举例来说,农村土地第三轮承包(2023年)即将到来,土地承包的原则大体上有两个:一是按照《宪法》和《土地管理法》,村民土地集体所有,土地承包权应该在户籍还继续保留在村集体经济组织内部的村民成员中进行配置;二是现有《土地管理法修正案》要求与第二轮保持一致,即在第三轮土地承包资格的确定上维持现有的谁控制土地(第二轮承包者)谁承包。当然,公安部出台文件,鼓励农民将户口迁出,实现新型城镇化和农民的市民化,即使农民户口落户城镇之后也不允许村集体剥夺其土地承包权。按照功利主义来讲,土地资源应该配置在最有经营能力的人手中,那么,很显然如果第一种规则在人数更少的集体组织的成员内部发包土地,则会有助于农业经营土地更集中,从而降低土地流转的细碎化与交易费用和提升土地资源配置效率。按照罗尔斯的正义原则,则处境最不利或生存环境差的人,应该得到政策倾斜,那么,无论农民的户籍是否还继续保留在村集体,土地承包权产生的收益对于大部分缺乏社会保障的农民而言具有财产权的属性,罗尔斯第一原则也是要求确保农民的基本的权利和自由,可见,第三轮土地承包权的第二种配置方式或维持现有的承包权的稳定性被认为具有更高的正义性。当然,如果按照诺齐克的绝对权利理论,其也同样支持第二种承包权配置规则的正当性。可见,公共政策应该改善农民普遍性的福利,其正当性原则需要进一步论证。因此,跨学科的交流非常必要,这学期的课堂上讨论涉及环保、食品、医疗、大病救助、垃圾分类等各种公共政策,议题有怎样做政策设计是最有正义感的以及为政策的正当性把脉。

陈杰：来到这里非常感恩。2006 年刚回国，对很多东西都不太熟悉，在这里熟悉了怎样做中国文章和怎么理解中国问题，收获非常大。虽然经过博士训练，但是很多问题都需要再学习。回头来看，博士毕业之后的四五年非常关键，能不能上道，直接决定了以后的学术生涯。多学科交叉的好处是，从多学科角度，能看到不一样的逻辑、价值观和证据，只在一个学科易陷在里面而不自知。大城市如何管理、土地制度、农民工的市民化等重大社会问题，在不同的逻辑、不同的价值观和不同的证据下会有冲击。跨学科交流之后或许还会坚持自己的看法，但至少会有升华，有些时候可能就会有改变。跨学科的最大作用可能在于了解不同的思路、倾听对立面等，看看社会科学的研究在不同路径、不同方式下的，是如何提出自己的解读和自己的方案。社会是非常复杂的，不能单向思维，需要考虑不同的约束条件、各种人群不同的诉求、不同的偏好等，从多学科的视角进行思考才能更有现实价值。多学科对话非常必要。

但多学科对话并没有那么容易。不仅是研究方式和思维的差异，也可能是关注点和兴趣的问题。比如，一些在经济学上很重要的问题，在社会学上可能不是那么迫切，或者反之。大家在一起讨论并不是那么容易。以今天的讨论为例，设计还可以更精细一些，大题目没问题，小题目能更精细。从学者的角度来说，讨论还是需要有个具体的问题，要么根据人找问题，设计一个大家共同感兴趣的问题；要么根据问题找人，设定一个问题，找合适的人让在场的人都能参与。这样多学科的对话，才能产生多一些思想碰撞出多一些火花。讨论问题时候还是要聚焦一点比较好。以上是两点感想。

从跨学科的学术主题来讲，虽然社会热点问题都随时可以来讨论，包括网约车、大数据等，但要长期持续下来，还是需要持久聚焦几个关键词。回想复旦大学文科处当年之所以搞发展与政策研究中心，抓住的是当时的热点词——发展和政策。那么今天中国社会科学的热点词是什么。今天我们为什么来讲治理模式、治理能力，党的十八届三中全会和十九届四中全会都是讲"国家治理体系和治理能力现代化",无论哪种说法,突出的是"治理"。"治理"现在就是一个最热的词。为什么是"治理"? 以前我们讲"发展"。"发展"我理解的是个做蛋糕的过程,治理是分蛋糕的过程。经过四十多年的发展,很多问题到今天必须去考虑。公平性问题、分配问题、各种主体之间的关系问题,都需要治理去调整调和。现在很多研究机构都在主打治理这个研究主题,如上海交大的中国城市治理研究院、北京大学的城市治理研究院,还有很多家国家治理研究院。还有专门以治理为主题的杂志。大家都感觉到治理在当下非常重要。若能围绕"治理",把"治理"说清楚,是当下社科工作者的一个重要历史使命。然而,虽然"治理"热了很多年,个人认为"治理"还有很多空白点、缺失点、盲点、痛点并没有讲清楚。通过跨学科的研究与对话,在"治理"的基本概念、基本逻辑、基础应用能有突破,就非常有收获。

我曾经听过上海市政府发展中心有个处长讲"治理"和"管理"的区别是什么? 他的说法是,"管理"是把熟人变成生人,"治理"是把生人变成熟人。我听后觉得很有启发,因为管理是刚性的、对所有人都一视同仁,管理者与被管理者之间要保持距离;治理更柔性,要把人与人距离拉近。但我在这里感觉还需要再迈出几步。治理和管理最大区别是,管理是严格的自上而下,等级森严,而治理不能说绝对平等,至少是相对的平等。但我们的社会结构到底是自上而下,还是自下而上,这直接决定了我们怎么理解治理这个概念。我们今天讲的治理这个概念,从国外来的。要理解治理需要好好研究西方的社会结构。大家都知道,西方社会的架构与中国的社会架构还是很不一样。比如,西方社会中,各种协会、民间组织、议事公会等权力很大。西方的社会架构本质上是自下而上、自我组织、自我管理,从一个城市的形成,到一个基金会的运作,都是自发性自治性很强。中国的社会结构整体上还是自上而下。最近也在关注基层治理,以小区层面的治理,业主委员会的制度建设还很薄弱,业委会要么非常弱势,要么就无作为,居委会反而占主导。

范剑勇：从我理解的经济学的角度来谈两点：一是中国社会治理的基础是什么，其与西方国家有何不同？中国社会治理的基础是中国特色社会主义市场经济。中国特色社会主义市场经济与西方的市场经济的区别何在？西方国家的市场经济是大市场小政府，地方政府的税收主要来自家庭，如房产税、个人所得税和消费税。中国地方政府也关注税收和 GDP 增长，但关注的不是家庭，而是企业，因为税收主要来源于企业增值税，税收来源于企业。政府关注营商环境和基础设施，企业的投资与现有的地方产业结构体系是否匹配，关注产业的外部性，这有点像林毅夫教授提出的新结构主义。国外的市场经济是运动员之间的竞争；中国是运动员与教练、裁判一起，企业与官员结合在一起。企业是用脚投票的，政府很关注营商环境、基础设施，这个体制下的市场运行效率不见的比国外市场效率差。

二是从城镇化的基础来看，土地财政的模式可能即将走到尽头。最近提出增值税中央与地方是五五开，以前是中央占 75％。上缴增值税的主要是北京、上海、浙江、广东、江苏等这些地方，然后转移支付到中西部。土地财政的模式要求，中国整体的经济增长 8％，上述少数省市的房价也应上涨 8％。从这个角度讲，城镇化的模式是不是该改一改，还有增值税五五开的提议对东部是利好。现有财政转移支付的模式将上海的房价抬得太高，压得大家喘不过气来，背后社会治理的逻辑基础也在这里，完全有可能存在问题。沿海地方政府大力招商引资，产生的税收很大一部分上缴中央，把当地的房价搞上去了，土地收入增加了。例如，嘉兴融入长三角一体化，主动出资修建嘉兴与松江之间的地铁，主要的考虑还是地铁连通后，嘉兴土地价格上涨带来的税收可能完全超出修建地铁的投资。

陆铭：最近这些年的研究主要在区域治理领域，是一个跨学科的话题。

首先,在每个学科的方向上,结合治理,谈点看法。第一,城市人口是控制出来的还是发展出来的?第二,房地产市场上,住房供给应适应人口增长还是纳入政府的行政控制之下?住房供应方面,不去适应人口住房需要。房价置于政府管控之下,直接干预,这种做法是否合适?第三,违章建筑,法律到底应该是一旦形成就要执行到永远还是说法律本身也是为了适应人民对美好生活的向往。违章建筑拆除的过程中,很多违章建筑是不是一定要拆除?对我们制定法律、执行法律形成了怎样的挑战?这是值得我们思考的。第四,传播问题:现在的城市治理有没有不同声音发声的渠道?在治理的过程中,政策形成中,规划制定过程中,有没有真正实现让所有人参与?第五,政府治理方面,党的十九届四中全会讲到,要树立处理政府与市场的关系。另外,党的十九届四中全会的新提法是首次将政府与社会的关系放在与政府与市场同等重要的位置,如何处理政府与社会的关系才能形成高效的治理结构?第六,经济学告诉我们,一个社会的有效治理是离不开市场机制的,市场机制最重要的是告诉我们政策的制定者也好,法律的制定者也好,并不拥有所有信息,哪怕是大数据,也不是拥有所有的信息。市场的价格体系会告诉什么是人民对生活的美好向往。在没有直接价格的领域,比如污染、绿化等,所以"市场的价格体系+用脚投票+民众的发声机制"可能是政府与社会关系中最基本的东西。如果这点能够得到共识的话,很多现存的问题不会出现今天的局面。

其次,跨学科对话讨论什么?跨学科对话,你讲你的、我讲我的,没什么意思。今天提到"国家治理模式与治理能力建设",这个题目可以一直讨论下去的。我认为应该回到"治理"本源去讨论。复旦大学讨论技术性的问题不是优势,也不是跨学科的优势;复旦大学的优势在于讨论最基础的东西。发言可以结合具体的案例,即以具体的问题为依托,回到"治理"的本源。我个人认为,"治理"是在存在各种利益冲突的情况下,找到一种实现公共的长远的利益共赢机制。这是具有世界普遍性的。

最后，对发展与政策研究中心的建议。第一，还是可以做文集。文集可以更聚焦的文集。国家治理是个长期关注的议题，也可以通过开会的方式，但可以更加聚焦，人的来源可以来自复旦大学，也可以来自其他地方。这种文集发技术性文章没什么意思，发公共对话性质的文章，类似外交杂志这样的，逐渐在复旦大学形成议题讨论的高地，有点高等研究院的味道，要有高地概念。这就做得有意义了。第二，跨学科的问题导向的联合研究，非技术性的研究。某个议题，基于对自己学科的认识，包括对已有文献的了解，然后产生更大的架构性的事情。比如中国特色社会主义市场经济，什么叫中国特色，什么叫社会主义，什么叫市场经济，其中有很多话题可以讲。第三，复旦大学开设的似是而非的课程非常值得赞赏，好多教授一起开的课，社会科学为什么不开呢？跨学科的公选课，发展与政策研究中心可以牵头做这个事情。比如，就国家治理的议题，不同的学科的教授都来讲一次，这是真正的通识教育。这也是与中心的发展联系在一起的，将教学、研究结合在一起。

任远：从党的十八届三中全会提出国家发展的目标是坚持中国特色社会主义，实现国家治理体系和治理能力现代化，到十九届四中全会的系统强调，进一步确认了国家发展的基本指向和发展路径。国家的发展和建设，包括经济、政治、社会、文化、生态环境、国防军事和国际关系等综合的内容。而国家治理则显然是从国家发展的根本理念和制度建构角度的陈述，表示了我们党执政的思想和理念，也表明了在制度建构上对实现治理体系和治理能力现代化的承诺。

由于国家发展和建设内容的丰富性，对于国家治理以及对于国家发展建设诸多方面的治理开展多学科、跨学科的研究是必要的。作为一个庞大的系统工程，国家的发展和建设需要综合的学术努力，需要一代又一代学人，特别是当代学人的知识贡献。这是我们这一代学者处于当下时代责无旁贷的历史使命。

多学科研究有助于丰富对国家治理内容理解，解决国家治理问题的知识遮蔽。但是,仅仅有多学科的研究是不够的,由于不同学科各自关注重心的偏重,以及不同学科中不同学者在不同理论思想内在观念性的差别,也会增添出知识逻辑的复杂性,使得国家治理体系和治理能力现代化的意义被多重性地、偏重性地、甚至矛盾性地加以解读。这使得我国国家治理的探索不仅要开展多学科的交流,更需要能够实现跨学科的讨论。只有能够进入到其他学科的知识视野中,整合与丰富相关学科的知识逻辑,才能有助于实现知识的深化,实现知识的系统化,才能产生出更加理性的、更加系统整合性的知识结论,这也是新文科建设的根本价值。因此,在国家发展和建设面临推进中国特色社会主义和迈向国家治理现代化的当下,开展广泛的多学科和跨学科交流,对于国家治理道路的探索,是意义重大而且亟须的工作。

自由讨论环节

陆铭:我觉得讨论治理可以结合很具体的问题,每个人根据本研究关注的问题来进行。

陈杰:治理就是客观的资源与权力配置机制,是客观存在的现象。

顾丽梅:政府掌控房价,是否合适? 不同学科有不同的解答。从经济学角度,价格应该由市场来决定;在公共管理中,房价由政府掌控有合理性。

陆铭:为什么房价应该由价格来决定? 讨论需要回到治理本源,高度信息不透明的世界,中国房价形成机制没有搞明白。现实中,政府管得了一手房价,管不了二手房房价;管得了房价,管不了车库价格,管不了装修价格。如果房价应该由政府管,那么这些问题也要一起回答掉。市场经济到底是工具,还是应该尊重的规律?

我觉得复旦大学就该讨论这些问题。人民对美好生活的向往,是我们的工作目标。

罗长远:下次的讨论还需要哲学等人文学科学者的参与。

赵德余:治理有很多层级,最高层级是价值层面,这涉及制定规则背后价值原则选择的问题。任何领域的治理不可能依赖于完全的自下而上或自上而下的单一模式,很多时候,政府需要以选择政策的形式介入到社会经济的治理过程,但政府介入之前面临的首要问题是确定其干预的目的或价值目标。例如,政府出台的房地产政策到底应该追求怎样的政策目标? 什么样的价值原则? 这个价值就是对房地产政策设计应该坚持怎样的原则,即需要明白政府优先关注的目标是公平还是效率? 安全保障还是公众的住房权利? 如果我们不能对公共治理的价值或道德层面的政策目标加以检讨和论证,我们就难以对当今形形色色的公共治理问题提出审慎的有批判力的评价标准。

顾东辉:陆铭老师讲到,基本概念的界定方面,人文社科肯定有它们的看法。我们文件中的"治理"是治国理政的总称,是国家建设,与西方的"治理"并不完全一样。

总 结 发 言

顾东辉:第一,学科之间的协同非常重要。不同学科的使命是相通的,超越学科的边界,群众的幸福超越学科边界。第二,阴阳之道。东方是一元化比较好,西方是两元比较好。东西方是互补的。第三,今天主要是社会科学的观点,下次还要加入一些人文学科的观点,还要选择一个更具体的角度。各方精英如果能在我们这个平台上成长起来,也是一个贡献。

Abstracts and Key Words

Safeguarding National Comprehensive Security through the Strategy of Rural Revitalization under Globalization

Dong Xiaodan, Chen Lu, Cui Fanglin, Wen Tiejun

Abstract: Taking Xi Jinping's national comprehensive security concept as the guidance, this paper analyzes the correlation between the national security and the cost of globalization in the process of modernization, explores the generality and particularity of China's national security risks, and points out that there is a "Trilemma" among the central government, local governments and rural grassroots from the perspective of risk. From the historical experience, the countryside is the carrier of the "soft landing" of each major crisis occurred in China. At present, it is necessary to innovate and implement the rural revitalization strategy through "combination of the top and the bottom", strengthen the foundation of comprehensive national security, and address national security risks and challenges in the context of globalization.

Key words: rural revitalization; national comprehensive security; input risk; trilemma resolving; rural China serves as the ballast

Does Haze Drive away Inbound Tourist? Evidence from 31 Provinces(Cities) in China for 2007—2015 Years

Yang Weiran, Cheng Mingwang

Abstract: Based on the push and pull theory, using the panel data of 31 provinces(cities) in China form 2007 to 2015, the influence of haze pollution on inbound tourism is established. The main conclusions are as follows: (1) the haze pollution has a significant negative impact on the scale of inbound tourism, and the increase of haze pollution will reduce the number of people, the number of days and the foreign exchange. (2) the improvement of service level in tourism related service industries has a significant positive effect on tourist satisfaction and loyalty. (3) the degree of economic development, opening up and local price level also have a significant impact on the scale of inbound tourism. This study has important practical significance for paying attention to the impact of haze pollution on inbound tourism and realizing the green and sustainable development of inbound tourism.

Key words: haze pollution; inbound tourism; tourism demand

Carbon Emission Calculation and Low Carbon Optimization of Land Use Change in Shanghai

WU Kai-ya

Abstract: Carbon emissions of woodland, grassland, arable land and construction land in Shanghai were calculated by building the framework of carbon emission of regional land use during 2000—2015. And carbon emissions of different types of land use during 2016—2020 were predicted using the ARIMA model. Four kinds of land use carbon emission optimization schemes, namely, economic-biased, technology-biased, low carbon-biased and balance-biased schemes, were further designed. By constructing the input-output multi-objective optimization model, the carbon emissions of land use for different optimization schemes were calculated through NSGA-II genetic algorithm. The results showed that carbon emission(absorption) of woodland, grassland and construction land from 2000 to 2015 in Shanghai showed an increasing trend, while carbon emission of arable land showed a decrease trend. The net carbon emissions of land use showed an increasing trend, with an average annual growth rate of 1.04%, which was mainly contributed by the energy consumption of residents living and industrial land. The average annual growth rate of net carbon emission of land use during 2016—2020 in Shanghai is 0.05%, generally presenting a steady state. The "technology-biased" is the best scheme in term of the energy conservation and emission reduction and carbon emissions effect of land use adjustment. This scheme will decrease net carbon emissions by 15.09%, and the grassland and woodland area will, respectively, increase by 6.02% and 14.27% relative to 2015.

Key words: land use; carbon emission; low carbon; genetic algorithm; Shanghai

The Influencing Factors of Rural Household's Willingness to Homestead Paid-use in Coastal Developed Region: Based on a Survey of 345 Rural Households in Nanhai District

Hong Kai, Deng Qingwen

Abstract: This paper accesses influencing factors of rural household's willingness to pay for use right of homestead in coastal developed region. It is aim to provide advises to improve the homestead paid-use policy. Taking advantages of a questionnaire survey, this research collected data of 345 rural households from Nanhai District of Foshan city. After designing a variable system based on perceived value theory, we conducted the binary logistic regression. Based on the analysis, the paper finds that rural household prefers one-off payment for use right of residential land compared with annual payment. Further, willingness of these two payment methods has different influencing factors. If household gives up homestead, he will have no house to reside. Then he may pay annually or lump-sum to use homestead rather than give up. While the function of old-age pension brought from homestead and appreciation potential of homestead only have positive impacts on one-off payment willingness. The influence of fee on household income and change of household living level after homestead paid-exit are negatively correlated with household's willingness of paid-use. However the numbers of homestead farmer own and evaluation of fee standard only have significant negative impact on farmer's one-off payment willingness. In order to improve homestead paid-use policy, the homestead paid-use policy must coordinate with the homestead paid-exit policy. In addition, when we implement "Double Pay" policy in villages with different regional condition, the emphasis of policies should be different. Last but not least, more economic tools can be used to solve homestead use problems, such as homestead idling fees and rural proper tax.

Key words: land management; homestead paid-use; influencing factors; perceived value; developed region; Nanhai District of Foshan city

An Analysis of Influence Factors of Electricity Consumption Based on Dynamic Panel Data Model

Ci Xiang-yang, Huang Zhi-min

Abstract: Based on the dynamic panel data model with system GMM method base on the panel data of 29 provinces in China from 1985 to 2012, this paper studies the relationships among economic growth, industry optimization, urbanization level, export trade, technology advancement and electricity consumption The results indicate that the economic growth, export trade and previous electricity consumption have positive effects on electricity consumption, and industry optimization, urbanization level, technology progress have the negative effects, but the coefficients are different among areas. Some relevant suggestions are provided such as developing clean energy, speeding industry transformation, emphasizing urbanization quality, optimizing export structure and restricting the rebound.

Key words: electricity consumption; influence factors; dynamic panel; system GMM

Research on Supervision Innovation of Establishing Customs Multi-model Transportation Based on TIR under the Perspective of Trade Safety and Facility

Zhu Jing, Meng Lulu

Abstract: China acceded to the Convention on International Road Transport on July 5, 2016. On May 18, 2018, the first six pilot TIR ports were opened simultaneously to accept TIR transport. Carrying out TIR transportation is one of the specific measures to actively promote the "one belt and one way" plan. At present, however, there are many differences between TIR Convention and the transit goods supervision system implemented by Chinese Customs at present. In order to better promote the development of international trade facilitation and security, this study attempts to start with the analysis of these differences and elaborate on the construction of China Customs Multimodal Transport Supervision based on TIR Convention. The overall planning of the management system is studied, and the realization path of the plan is demonstrated. The feasibility of realizing the multi-modal transport mode of China Customs under the TIR Convention through coordinated governance is expounded.

Key words: TIR, multimodal transportation, trade faciltation and safety

System Dynamics Modeling and Analysis on
Rural Governance of Anji County

Zhu Qing, Zhao Deyu, Zhou Xinhong, Wang Jia

Abstract: Taking Anji County, Zhejiang Province as an example, this paper constructs a system dynamic model of the rural governance, describes the pathway with characteristics of branch lead, economic development, democratic management, rule of law, moral nourishing, ecological protection, good order, and honest and upright. The dynamic mechanism of rural governance logic is interpreted, both the endogenous and exogenous variables are defined, the key indicators and their causal feedback mechanism are identified, as well as the system effect of the rural governance logic is elucidate.

Key words: system dynamics; rural governance; Anji County

Research on Social Work Intervention Model of Mental Rehabilitation Service from the Perspective of System Dynamics—Practice of "Hospital-community" Integration of Mental Health in District H, Shanghai

Fu Rao, Zhao Deyu, Shen Ke

Abstract: After years of practice, Shanghai mental health service has developed a relatively complete service model of "prevention and rehabilitation". H District Mental Health Center in Shanghai has launched free consultation and outpatient services to explore the "hospital-community" integrated service model. This research hopes to describe the process of service project development through the method of system dynamics, present the unique value and professional status of social workers participating in mental health rehabilitation, and provide valuable empirical reference for the integrated development and innovation of "hospital-community" mental health services.

Key words: social work; mental rehabilitation; integrated practice; system dynamics perspective

From Social Relief to Targeted Poverty Alleviation—Based on the Analysis and Prospect of the Evolution of Children's Anti-poverty Policy

He Xiaolin Wen Jie

Abstract: Children's development is related to the future of the country and the hope of the nation, the problem of children's poverty cannot be ignored. In the 70 years since the founding of the People's Republic of China, children's anti-poverty social policy has mainly experienced three stages. In this process, children's dominant position is constantly highlighted, social forces are gradually involved, and policy content is constantly enriched. With the elimination of absolute poverty in 2020, new problems of children's poverty, such as deeper education poverty and rights poverty, will be highlighted. However, China's current anti-poverty policy for children is difficult to fully protect the needs of children's development. For a long time, the government has increased funding investment, resulting in increased financial pressure on the government, so the anti-poverty policy for children needs further development and deepening.

Key words: child poverty; anti-poverty; social policy

The First Interdisciplinary Dialogue on Humanities and Social Sciences of Fudan University: National Governance Model and Governance Ability Building in the New Era

征　稿　函

为推动中国社会发展与公共政策的理论和经验研究,构建一个跨学科研究成果的交流平台,复旦大学发展与政策研究中心和社会管理与社会政策系共同负责组织《复旦发展与政策评论》系列学术辑刊的征稿和审稿工作。特此向全国社会经济发展、公共政策与管理学术界与实务界征集优秀稿件。欢迎海内外专业界人士踊跃来稿。

一　栏　目　设　置

- 理论方法:突出经济与社会发展与公共政策的最新理论方法的进展。
- 公共政策:聚焦各领域的政策理论与经验实证研究。
- 发展研究:聚焦人口、社会、经济与资源环境、安全诸领域的发展模式。
- 对话与争鸣:鼓励针对不同理论、方法与观点的争论与讨论。
- 专题专栏:聚焦热点政策议题,展开专题和专栏研讨。

二　来　稿　要　求

1. 来稿范围

本辑刊主要刊登发展与政策领域的理论与实证研究,涉及理论方法、具体部门政策案例、发展研究等相关方面的学术论文和译文、研究报告、学术评论、学术动态等等。中英文均可。

2. 来稿形式

来稿请同时采用两种方式：打印文本和电子文本。

打印文本请在封面上打印如下内容：文章标题、作者及简介、联络方式（电子邮箱、电话、传真）、寄信地址，并寄至"上海市杨浦区邯郸路 220 号，复旦大学社会发展与公共政策学院　唐博　收"，邮编：200433。联系电话：021-65642735。

电子文本请以"作者＋篇名＋《复旦发展与政策评论》投稿"为主题，发至如下电子邮箱：tangbo@fudan.edu.cn。

3. 字数要求

来稿一般以不超过 1.5 万字为宜（包括注释和参考文献），特殊稿件可酌情考虑。

4. 其他说明

（1）请作者恪守学术伦理，文责自负。

（2）被本辑刊选中出版的稿件，仅代表作者个人观点。著作权属于作者本人，版权属于复旦大学社会发展与公共政策学院社会管理与社会政策系。

（3）来稿一律不退，请自留底稿；投稿后 3 个月内若未接到采稿通知，请自行处理；请勿一稿数投。

（4）本辑刊对稿件有删改权，如不同意请注明。

三　审　稿　制　度

为保证辑刊的质量，本辑刊对来稿采用专家匿名审稿制度。

所有来稿首先由审稿委员会进行论文初审，初审主要审查来稿的一般规范以及是否符合出版宗旨。

来稿通过初审之后，邀请两名专家进行匿名评审；评审结果返回后再进行审稿委员会会议，确定最终入选文章。

四　格　式　要　求

1. 文章标题：50 字以内为宜，必要时可加副标题。

2. 作者姓名、工作单位:题目下面应包括作者姓名和工作单位两项内容,多位作者应以序号分别列出上述信息。

3. 摘要:以 100—200 字为宜。

4. 关键词:2—3 个,以空格相隔。

5. 正文标题:内容应简洁、明了,层次不宜过多,层次序号为一、(一)、1.、(1)。

6. 正文文字:一般不超过 2.5 万字,用 A4 纸打印。

7. 文献引证规范:为保护著作权、版权,投稿本丛书的文章如有征引他人著作,必须注明出处。

(1) 注释:是对文章某一特定内容的解释或说明,其序号为①②③……,注释文字与标点应与正文一致,注释置于文尾,应包括:作者/编者/译者/、出版年份、书名/论文题目、出版地、出版者,如原文直接引用则必须注明页码。

(2) 参考文献:在文章末尾列出征引出处,在文内则简要列出作者/编者姓名和年份。

例如:征引书籍

对作者的观点进行综述性引用,如:

(文内)(McCain,2009)

(文末)Roger A. McCain. Game Theory and Public Policy [M]. Edward Elgar Publishing Limited,the Lypiatts,2009.

(文内)(赵德余,2017)

(文末)赵德余.政策科学方法论[M].上海:上海人民出版社,2017.

引用原文应注明页码,如:

(文内)(赵德余,2017)

(文末)赵德余.政策科学方法论[M].上海:上海人民出版社,2017:25.

(3) 转引文献,应注明原作者和所转引的文献。

(4) 在文献的使用中,请避免使用"据统计……""据研究……"字样。使用文献、数据必须注明准确的出处。

（5）参考文献的排序采用中文、英文分别排列，中文在前，英文在后；中文按作者的姓氏的汉语拼音、英文按作者姓氏分别以字典序列排列。

（6）行文中，外国人名第一次出现时，请用圆括号附原文，文章中再次出现时则不再附原文。在英文参考文献中，外国人名一律姓氏在前，名字以缩写随后，以逗号分隔。

例如：Mary Richmond 应写为：Richmond，M.

中国人的外文作品，除按外文规范注明外，在文末应在其所属外文姓名之后以圆括号附准确的中文姓名，如无法确认中文姓名则不在此列。

（7）外国人名、地名的汉译以（北京）商务印书馆 1983 年出版的《英语姓名译名手册》和《外国地名译名手册》为标准。

　　　　　　复旦大学社会发展与公共政策学院社会管理与社会政策系
　　　　　　　　　　　　　　　　复旦发展与政策研究中心
　　　　　　　　　　　　　　《复旦发展与政策评论》编委会

图书在版编目(CIP)数据

环境、土地与监管政策/赵德余主编.—上海:
上海人民出版社,2020
(复旦发展与政策评论/赵德余主编)
ISBN 978-7-208-16567-0

Ⅰ.①环… Ⅱ.①赵… Ⅲ.①环境管理-监管制度-
中国-文集 ②土地管理-监管制度-中国-文集 Ⅳ.
①X328-53 ②F321.1-53

中国版本图书馆 CIP 数据核字(2020)第 117740 号

责任编辑 刘林心
封面设计 傅惟本

复旦发展与政策评论

环境、土地与监管政策

赵德余 主编

出　　版　上海人民出版社
　　　　　(200001　上海福建中路 193 号)
发　　行　上海人民出版社发行中心
印　　刷　常熟市新骅印刷有限公司
开　　本　635×965　1/16
印　　张　12.5
插　　页　4
字　　数　160,000
版　　次　2020 年 8 月第 1 版
印　　次　2020 年 8 月第 1 次印刷
ISBN 978-7-208-16567-0/F·2641
定　　价　52.00 元